信息科学技术学术著作丛书

图像可逆信息隐藏技术

杨百龙　赵文强　刘　宇　郭文普　著

科学出版社

北　京

内 容 简 介

本书围绕图像可逆信息隐藏技术，深入研究基于像素值排序的高效率可逆信息隐藏算法、改进的基于像素的像素值排序可逆信息隐藏算法、基于多值预测模型的高性能可逆信息隐藏算法、基于多直方图修改的最优嵌入率可逆信息隐藏算法、基于图像分块的密文域可逆信息隐藏算法、高嵌入率密文域可逆信息隐藏算法、基于位平面无损压缩的图像密文域可逆信息隐藏算法等涉及的技术原理和实现方式，同时给出各算法详细验证过程及分析结果。本书内容理论与实践并重，针对性与系统性强，具有较好的理论与应用参考价值。

本书可作为计算机科学与技术、信息与通信工程、信息安全等相关专业研究生及高年级本科生的参考书，也可供从事隐蔽通信、信息隐藏、图像处理等相关领域的教师、科研工作者和工程技术人员参考。

图书在版编目（CIP）数据

图像可逆信息隐藏技术／杨百龙等著．—北京：科学出版社，2023.5

(信息科学技术学术著作丛书)

ISBN 978-7-03-075226-0

Ⅰ．①图…　Ⅱ．①杨…　Ⅲ．①计算机图形学-加密技术-研究　Ⅳ．①TP391.411

中国国家版本馆 CIP 数据核字（2023）第 048114 号

责任编辑：魏英杰／责任校对：崔向琳

责任印制：吴兆东／封面设计：陈　敬

科 学 出 版 社 出版

北京东黄城根北街 16 号

邮政编码：100717

http://www.sciencep.com

北京中石油彩色印刷有限责任公司 印刷

科学出版社发行　各地新华书店经销

*

2023 年 5 月第　一　版　开本：720 × 1000　B5

2023 年 5 月第一次印刷　印张：8 3/4

字数：174 000

定价：98.00 元

（如有印装质量问题，我社负责调换）

《信息科学技术学术著作丛书》序

21 世纪是信息科学技术发生深刻变革的时代，一场以网络科学、高性能计算和仿真、智能科学、计算思维为特征的信息科学革命正在兴起。信息科学技术正在逐步融入各个应用领域并与生物、纳米、认知等交织在一起，悄然改变着我们的生活方式。信息科学技术已经成为人类社会进步过程中发展最快、交叉渗透性最强、应用面最广的关键技术。

如何进一步推动我国信息科学技术的研究与发展；如何将信息技术发展的新理论、新方法与研究成果转化为社会发展的推动力；如何抓住信息技术深刻发展变革的机遇，提升我国自主创新和可持续发展的能力？这些问题的解答都离不开我国科技工作者和工程技术人员的求索和艰辛付出。为这些科技工作者和工程技术人员提供一个良好的出版环境和平台，将这些科技成就迅速转化为智力成果，将对我国信息科学技术的发展起到重要的推动作用。

《信息科学技术学术著作丛书》是科学出版社在广泛征求专家意见的基础上，经过长期考察、反复论证之后组织出版的。这套丛书旨在传播网络科学和未来网络技术，微电子、光电子和量子信息技术、超级计算机、软件和信息存储技术、数据知识化和基于知识处理的未来信息服务业、低成本信息化和用信息技术提升传统产业，智能与认知科学、生物信息学、社会信息学等前沿交叉科学，信息科学基础理论，信息安全等几个未来信息科学技术重点发展领域的优秀科研成果。丛书力争起点高、内容新、导向性强，具有一定的原创性，体现出科学出版社“高层次、高水平、高质量”的特色和“严肃、严密、严格”的优良作风。

希望这套丛书的出版，能为我国信息科学技术的发展、创新和突破带来一些启迪和帮助。同时，欢迎广大读者提出好的建议，以促进和完善丛书的出版工作。

中国工程院院士

原中国科学院计算技术研究所所长

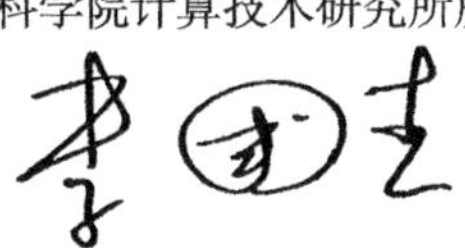

前　言

基于信息隐藏的隐蔽通信技术是近年来通信安全技术中非常引人关注的一个研究领域。信息隐藏技术利用载体信息中具有随机特性的冗余部分，将秘密信息嵌入载体信息之中，使其在通信传输过程中不被人发现，从而增强秘密信息传输安全性。可逆信息隐藏能够在提取秘密信息之后无损地恢复载体图像，具有较好的应用场景，受到研究人员的广泛关注。

全书共 8 章。第 1 章分析图像可逆信息隐藏技术的研究现状。第 2 章研究一种基于像素值排序的高效率可逆信息隐藏算法。第 3 章提出一种改进的基于像素的像素值排序可逆信息隐藏算法。第 4 章提出一种基于多值预测模型的高性能可逆信息隐藏算法。第 5 章研究基于多直方图修改的最优嵌入率可逆信息隐藏算法。第 6 章研究基于图像分块的密文域可逆信息隐藏算法。第 7 章提出一种高嵌入率密文域可逆信息隐藏算法。第 8 章研究基于无损压缩的密文域可逆信息隐藏算法。

本书是作者科研团队近年来围绕图像信息隐藏技术研究成果的总结，感谢火箭军工程大学“2110”工程项目对本书出版的资助！

限于作者水平，书中难免存在不妥之处，敬请读者批评指正。

作　者

目　　录

第1章 绪 论

1.1 基于信息隐藏的高保真隐蔽通信技术

加密(encryption)和信息隐藏(data hiding，DH)是保护信息安全的两种不同的技术。加密根据某种特殊算法对信息进行重新排列或者映射[1-6]，非授权用户即使得到加密信息，因为不能解密而无法理解其中的意义，从而达到信息保护目的。信息隐藏[7-14]将秘密信息嵌入某一载体中，载体在信息嵌入前后从感观上并无二致，使窃密者“觉察”不到秘密信息传输行为的存在，从而实现安全通信。

加密和信息隐藏的目的都是保护信息安全、实现安全通信，但实现过程有本质区别。加密保护的是数据本身[15]，是内容安全技术。但是由于数据加密后，信息呈现明显的乱码特征，容易引起攻击者的注意而增加安全风险。信息隐藏可以保护数据传输的行为，是行为安全技术[16]。在军事通信中，可以将加密技术与信息隐藏技术结合，对敏感数据加密后再进行隐藏处理，能够在保证内容安全的同时实现行为安全，进一步提高通信安全性。

因此，信息隐藏作为信息安全、通信安全、隐蔽通信技术的重要分支，在军事、情报、国防等事关国家安全的领域有重大意义[17-24]。国际社会对此高度重视[25]。此外，信息隐藏在隐私保护[26-32]、图像认证[33-35]，以及版权保护[36-39]等方面也有广泛的应用前景。我国相关的国家级项目对信息隐藏相关理论和技术都给予了支持[40]，许多研究所和大学对此进行了深入研究。

信息隐藏可使用文本[41-45]、图像[46-56]、音频[57-62]、视频[63-65]等任何形式的数字媒体作为载体。由于图像具有易获取、图像数值计算简单、图像数据中存在冗余信息、人眼对修改图像引起的失真感觉迟钝等特点[66,67]，其作为信息隐藏的重要载体被深入和广泛研究[68]。

图像信息隐藏的一个重要指标是不可感知性，即信息被嵌入载体图像后，载密图像具有较好的质量，人们不能辨别它与原始载体图像之间的差异，可以确保嵌入信息行为的隐蔽性。另外，随着信息隐藏技术的广泛应用，隐写分析(steganalysis)技术也得到较快发展。隐写分析根据信息隐藏过程中引入的失真对载密载体进行分析[69-72]，判断其是否隐藏了信息。在以图像为载体的信息隐藏算法中，嵌入信息量越大，引入的失真量越大，保真性越低、图像质量(常用峰值信噪比描述，即 peak signal noise ratio，PSNR)越差，隐写分析成功的可能性越高。反之，引入的失真量越小，保真性越高、图像质量越好，隐写分析成功的可能性越低。为了应对隐写分析的潜在威胁，信息隐藏算法要尽可能减小失真的引入量，提高载密图像的保真度。

信息隐藏分为可逆信息隐藏(reversible data hiding，RDH)和不可逆信息隐藏(invertible data hiding，IDH)[40,73]。在信息隐藏过程中需要对载体进行修改，IDH在提取秘密信息之后不能恢复原始载体，使失真永久存在。RDH采用特定算法嵌入信息，在提取秘密信息之后能够完全恢复原始载体图像。在军事通信、远程医疗、司法取证、图像管理等应用领域，有时需要将与图像密切相关的军事秘密信息、患者隐私信息等嵌入文件进行传输管理。这时既要保证隐藏信息的正确提取，又要保证载体文件能够无损恢复，因此RDH技术成为必然选择。

高保真RDH在实现信息隐藏的同时，可确保传输载体具有较高的质量，增加第三方发现、识别和破解难度，具有广阔的应用前景。密文域RDH博采众长[74]，运用RDH技术保护核心机密，利用加密技术掩蔽载体内容，可以进一步保证隐私，提升通信过程中的安全性，被广泛应用于隐秘环境下的信息传输、文件管理。

1.2 图像可逆信息隐藏技术研究现状

Barton[75]首次提出RDH算法。Barton将签名嵌入数字媒体中，只有使授权用户才能提取并验证数字媒体是否被修改过。之后，RDH被广泛应用于军事图像、图像认证、医学图像中的患者隐私保护、云计算等。

目前，以灰度图像为载体、基于空域的RDH算法是研究热点。

1.2.1 可逆信息隐藏算法

1. 基于压缩的RDH算法

早期的RDH算法主要以无损压缩算法为基础[76-82]，通过无损压缩载体图像腾出空间嵌入秘密信息。

2001年，Fridrich等[83,84]提出一种应用于版权认证的RDH算法。该算法将8位灰度图像分成8个位平面，对最低有效位(least significant bit，LSB)平面进行无损压缩，然后将128个哈希值隐藏到腾出的空间中。

2004年，Shim等[85]提出一种基于串表压缩(Lempel-Ziv-Welch encoding，LZW)的RDH算法。在该算法中，当字符串的长度大于预设的阈值时，隐藏1bit信息。由于满足条件的字符串的数量比较少，该算法的嵌入容量(embedding capacity，EC)比较低。

2010年，Chen等[86]提出基于LZW的大容量RDH算法。该算法根据字符串的长度决定嵌入秘密比特的数量，字典项越多嵌入的秘密信息数量就越大。该算法在嵌入信息的过程中增加了字典的大小，提高了计算复杂度。

2013 年，Wang 等[87]提出一种新的 RDH 算法(记为 HPDH-LZW)。该算法利用输出的压缩编码和字典大小之间的关系隐藏信息。与 Shim 等、Chen 等的算法相比，该算法具有更高的信息隐藏容量和更小的计算代价。

2012 年，向涛等[88]将 LZW 和动态 Huffman 编码结合，提出 SLZW(secure SLZW)算法，可以提高算法的安全性和压缩率。

2017 年，赵文强等[89]提出一种改进的基于 LZW 的 RDH 算法。通过对压缩编码数据空间进行细分，在不同的子空间里隐藏不同数量的秘密信息，可以提高嵌入容量。

基于压缩的 RDH 算法的嵌入容量取决于压缩算法的压缩率，压缩率越高，嵌入容量越大。遗憾的是，这类算法的性能通常比较低。当基于差值扩展(difference expansion，DE)的 RDH 算法提出之后，人们研究基于压缩的 RDH 算法的热情逐渐降低。基于压缩的 RDH 算法在嵌入信息的过程中压缩了图像，可以节约存储空间，降低网络传输的要求，在构建 RDH 系统时有积极意义。

2. 基于差值扩展的 RDH 算法

2003 年，Tian[90]首次提出基于 DE 的 RDH 算法(记为 DE 算法)。该算法的核心思想是对每个像素对的差值乘以 2 进行扩展，将 1bit 信息嵌入扩展后的差值 LSB。在 DE 算法中，原始载体图像中水平方向(或者垂直方向，或者某种特定的配对模式)相邻的两个像素组成一个像素对。每个像素对嵌入 1bit 信息，因此理论上 DE 算法的嵌入率(embedding rate，ER)可以达到 0.5 bit/pixel。在具体的嵌入算法中，当差值 $h\in\{-1,0\}$ 时，优先嵌入信息。如果此时不能满足嵌入负载要求，则扩大差值 h 的取值范围。为了保证算法可逆，Tian 使用定位图(location map，LM)记录像素对的嵌入情况，将其作为辅助信息嵌入载体图像。LM 与划分好的像素对相互对应，值为 1 时表示该像素对嵌入了信息，值为 0 时表示该像素对没有嵌入信息。Tian 使用改进的联合二值图像组(joint bi-level image group，JBIG2)对 LM 进行压缩，以减小其大小。然而，压缩后的 LM 仍然占用不少嵌入容量，DE 算法的实际嵌入率小于 0.5bit/pixel。

DE 算法与之前的算法(基于压缩的 RDH 算法)相比，嵌入容量和图像质量显著提高。因此，DE 算法一经提出，就成为人们关注的热点[91-103]。

2004 年，Alattar[91,92]从整数变换的观点出发，对 Tian 的算法进行改进，提出使用任意大小的像素块嵌入秘密信息，从而使 n 位秘密信息可以嵌入 n+1 个像素中。根据 Alattar 的归纳总结，如果参数 n 非常大，嵌入率可以达到 1bit/pixel。

2008 年，Chiang 等[93]提出通过小波和排序减少位置图中的随机性，排除不能扩展的像素对，从而改善算法的性能。DE 算法在嵌入信息时，像素对的差值越大引入的失真越大。Chiang 的算法通过去除明显不能嵌入的像素对降低引入的失真，可以提高载密图像质量。

2005 年，Bian 等[94]研究分析了几种基于值扩展的 RDH 算法，提出一种直方图扩展的通用模型。利用该模型，可以对不同算法的性能方便地进行对比。Bian 等从该模型推导出失真估计，从形式上证明存在最优嵌入算法，并提出一个有效的值扩展算法。

2008 年，Kim 等[95]提出一种新的 DE 变换的 RDH 算法。Kim 等给予 DE 算法很高的评价，称其是 RDH 算法中的重大突破。Kim 等在 DE 算法的基础上，提出简化 LM 和新的 DE 算法，在不增加失真的前提下可以获得更大的嵌入容量。Kim 等的实验结果表明，RDH 算法性能优于原 DE 算法、Kamstra 等的改进算法。

2009 年，Hu 等[96]针对 DE 算法 LM 过大的问题，提出一种改进溢出 LM 的 RDH 算法。DE 算法中嵌入信息比特流分为有效嵌入容量(秘密信息)和辅助信息(LM)两部分。Hu 等重新设计嵌入方案，构造了一个具有良好可压缩性的 LM，使算法嵌入的辅助信息更少。在相同的图像质量下，该算法具有更高的嵌入容量。

2010 年，Wang 等[97]提出一种高效的基于整数变换的 RDH 算法。该算法证明 DE 可以重新表达为整数变换，使用一种新的整数变换对 DE 算法进行归纳，可将 DE 扩展到任意长度的像素块上。在该算法中，通过优先选择引入失真较少的块嵌入信息，可以提高图像质量。

2015 年，Qiu 等[98]通过扩展广义整数变换对 Wang 等的工作进行延伸，提出一种自适应嵌入的 DE 算法。在嵌入信息时，他们根据每个块的性质(平滑或者复杂)，自适应地嵌入不同数量的信息。通过应用多层 LM，可以进一步提高嵌入的效率。实验结果表明，该算法优于其他 DE 算法。

尽管 DE 算法优点显著，但差值较大时，嵌入信息会引入较大的失真，过大的 LM 会降低算法的性能。

为方便读者直观理解 DE 算法，我们计算了不同差值时像素对嵌入 0 或者 1 引入的失真量，如表 1.1 所示。从表中可知，引入的失真量随着差值的增大显著增大，使 DE 算法的图像质量受到很大限制。

为了防止溢出，DE 算法使用 LM 标记像素对是否嵌入信息，1 表示当前像素对嵌入了信息，0 表示没有嵌入信息。以 512×512 像素大小的灰度图像为例，水平方向相邻的两个像素为一个像素对，则 LM 的长度为 512×512/2=131072。LM 是由 0 和 1 构成的比特流，即使对 LM 进行压缩，其长度仍然相当可观。

表 1.1　DE 算法不同差值时引入的失真量

像素对	差值	嵌入信息	载密像素对	失真量
(160，160)	0	0	(160，160)	0
		1	(161，160)	1
(161，160)	1	0	(161，159)	1
		1	(162，159)	2
(162，160)	2	0	(163，159)	2
		1	(164，159)	3
(163，160)	3	0	(164，158)	3
		1	(165，158)	4
(164，160)	4	0	(166，158)	4
		1	(167，158)	5
(165，160)	5	0	(167，157)	5
		1	(168，157)	6
…	…	…	…	…

3. 基于直方图平移的 RDH 算法

2006 年，Ni 等[104]首次提出基于直方图平移(histogram shifting，HS)的 RDH 算法(记为 HS 算法)。在该算法中，首先构造图像的直方图，找到峰值点和零值点，或者最小值点。峰值点对应的像素用来嵌入信息，对其进行 $\pm m$ 操作，$m \in \{0,1\}$，使平移峰值点(不含)与零值点(最小值点)之间的像素满足算法可逆性的要求。在提取端，按照与嵌入相反的操作即可提取秘密信息，恢复原始像素值。

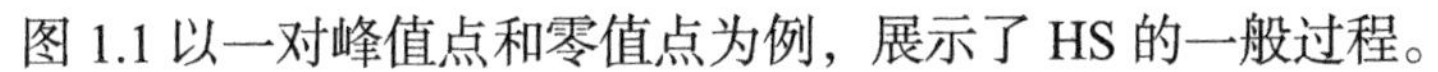

图 1.1 以一对峰值点和零值点为例，展示了 HS 的一般过程。

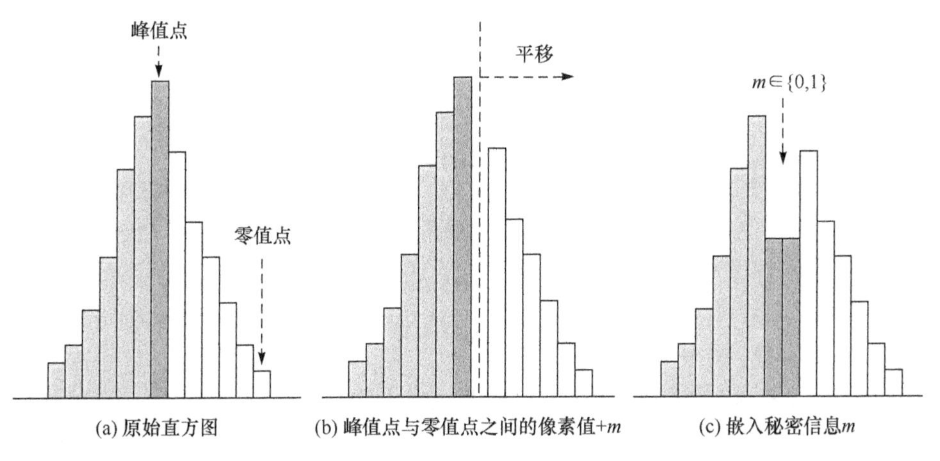

图 1.1　HS 的一般过程

在 HS 算法中，每嵌入 1bit 信息像素值的最大修改量为 1，保证了载密图像有较高的图像质量。许多基于 HS 的 RDH 算法公开发表[104-113]。2006 年，Lee 等[105]提出基于差值直方图的 HS 算法。因为差值直方图的峰值更高，所以嵌入的信息量更大。同时，由于更多的像素可以用来嵌入信息，需要做移位的像素减少，因此同等嵌入量引起的失真更少，图像质量更好。2007 年，Fallahpour 等[107]提出基于 HS 的高容量 RDH 算法。该算法将载体图像分为若干个块(4 和 16)，对每个块分别应用 HS 方法可以使嵌入容量得到很大的提高。实验结果表明，分块数量越多，嵌入容量提高越显著。2009 年，Tsai 等[108]提出利用像素块的中心像素预测块内的其他像素，利用预测误差直方图(prediction error histogram，PEH)做信息嵌入。当像素块较小时，中心像素与周围像素高度相关，所以得到的直方图更集中，更有利于嵌入信息。同年，Wang 等[110]提出自适应地选择直方图的嵌入位置，优化了不同嵌入率下算法的性能。Gao 等[111]提出一种像素选择策略，通过放弃失真较大的像素块提高载密图像的视觉质量。2012 年，王俊祥等[113]提出基于多层嵌入的 HS RDH 算法。该算法使用水印同步机制，在每层嵌入时选择最优的峰值点和零值点，性能有显著改善。2016 年，韩佳伶等[114]利用图像梯度选择和判断每个像素的梯度趋势，并根据梯度和相邻像素进行预测，采用基于预测误差的 RDH 算法，可以有效降低预测误差，增加算法的嵌入容量。同时，该算法通过调整嵌入规则降低对宿主图像引起的失真，提高算法的图像质量。

HS 算法的优点是每次嵌入信息时像素值的改动最大是 1，可以确保载密图像有较高的图像质量。HS 算法的缺点是嵌入容量取决于峰值点对应的像素数量，因此算法的嵌入容量有限。

4. 基于预测误差扩展的 RDH 算法

Thodi 等[115,116]使用预测误差取代像素对的差值扩展嵌入信息，提出基于预测误差扩展(prediction error expansion，PEE)的 RDH 算法(记为 PEE 算法)。在 PEE 算法中，更多的相邻像素参与预测目标像素，可以更大限度地开发自然图像的冗余性，与 DE 算法相比有更好的嵌入效果，因此受到研究者的广泛关注[96,117-134]。

Thodi 等提出的算法涉及两篇经典文献，分别发表于 2004 年和 2007 年。两篇文献都围绕 PEE 算法展开，但侧重解决的问题不同。2004 年，Thodi 等[115]使用预测误差代替像素差值，使算法的性能有很大的提升。为了满足可逆性要求，该算法使用与 DE 算法原理相同的 LM。LM 是由 0 和 1 组成的比特流，需要占用一部分嵌入容量，会影响算法的性能。

2007 年，Thodi 等[116]提出使用直方图技术消除 LM，至此 PEE 算法最终形成。Thodi 等统计载体像素对的差值，构建了一个差值直方图。Thodi 等指出，选择较小差值进行扩展可以引入较小的失真，差值等于 0 和−1 的像素对扩展嵌入信息引入的失真是相等的。假设整数$\Delta \geqslant 0$，对区间$[-\Delta-1,\Delta]$内的像素对进行扩展，区间$[-\Delta-1,\Delta]$外的像素对进行平移。差值直方图被分为内部区域和外部区域两部分。差值直方图(Lena 图像)如图 1.2 所示。

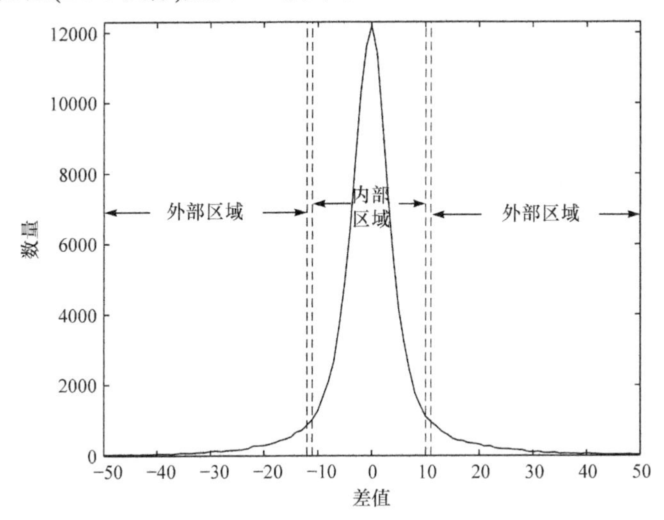

图 1.2 差值直方图(Lena 图像)

假设$m \in \{0,1\}$是一位秘密信息，直方图像素对根据式(1.1)进行扩展、平移，即

$$h' = \begin{cases} 2h+m, & -\Delta-1 \leqslant h \leqslant \Delta \\ h+\Delta+1, & h > \Delta \\ h-\Delta-1, & h < -\Delta-1 \end{cases} \tag{1.1}$$

在 DE 算法中，像素对扩展后容易发生溢出，使用 LM 标示哪些像素对扩展嵌入信息，哪些没有扩展。在 PEE 算法中，像素值修改的幅度取决于变量Δ。通常Δ的取值都比较小(较大的Δ会引入更多的失真)，不再需要使用 LM 标示像素对是否被修改。这样，LM 便被消除了，算法性能可以得到显著提升。

实际上，像素对的差值可以理解为用一个像素值预测另一个像素的误差。对该定义进行扩展，式(1.1)中的变量h可以引申为任意预测器得到的预测误差。

一般来讲，基于PEE的RDH算法主要包括两个步骤，即构造一个尖锐的PEH，修改 PEH 嵌入秘密信息。之后提出的基于 PEE 的算法，一个改进方向就是提高预测器的准确性，从而得到分布更为集中的预测误差直方图[118,132,135-137]。

2008 年，Fallahpour[121]将梯度调节预测器(gradient adjusted predictor，GAP)应用到 PEE 算法中，提高了算法的性能。GAP 是一种非线性预测器，可以根据目标像素局部纹理信息调整预测值，具有较高的预测准确性。GAP 的使用，可以使算法获得一个尖锐的 PEH，既增加了嵌入容量，又提高了图像质量。

2009 年，Sachnev 等[130]使用菱形预测目标像素，得到一个尖锐的 PEH。菱形预测是一种全封闭的预测器，具有较高的预测性能，许多隐藏算法采用菱形预测。Sachnev 等使用的双层嵌入策略可以保证算法的可逆性。

2009 年，Hong 等[138]使用中值边缘检测(median edge detection，MED)预测像素值，取得了较好的效果。

2010 年，Chao 等[139]提出一种自适应的 PEE 算法，根据嵌入负载的大小，选择刚好能满足嵌入负载要求的 bins 嵌入信息，可以减小失真、提高图像质量。

2013 年，Ou 等[140]提出一种基于偏微分方程(partial differential equation，PDE)的 RDH 算法。PDE 是一种数学工具，能够根据图像的纹理特性自适应地设置像素的权重大小，提升预测的准确性。

2015 年，熊祥光等[141]提出双层的嵌入算法，在第二层嵌入时使部分像素的扩展量相互抵消，可以减少失真。

2016 年，罗剑高等[102]提出一种变换方向自适应的 RDH 算法。该算法使用相邻像素预测，根据像素值所处的区域自适应变化预测像素值，进一步解决了溢出问题，提高了有效嵌入容量。

2017 年，Chen 等[142]提出高保真的 RDH 算法。该算法针对预测误差与复杂度在某些情况下不一致的问题，提出定向封闭预测。该预测器具有很好的预测准确性，通过构造更尖锐的 PEH，提高算法的性能。

在 PEE 算法中，每个载体像素都可以用来嵌入信息，因此具有较高的嵌入容量；每次嵌入信息时对像素值的最大修改量为 ±1，可以确保在信息嵌入过程中不引入过多的失真，保证载密图像的质量。基于此，PEE 成为 RDH 算法的研究热点。

5. 基于像素值排序的 RDH 算法

2013 年，Li 等[143]将像素值排序(pixel value ordering，PVO)和 PEE 相结合，提出一种高保真的 RDH 算法。为了简便，Li 等将其称为 PVO 算法。在 PVO 算法中，载体图像被划分为大小相等的不重叠分块。块内的像素根据像素值大小升序排列。使用次大值预测最大值、次小值预测最小值。当预测误差等于 1 或者−1 时嵌入 1bit 信息，当大于 1 或者小于−1 时对该像素值加减 1 操作。Li 等使用次大值与次小值的差值作为像素块的复杂度，优先选择复杂度较小的像素块嵌入信息。

PVO 算法能够取得非常好的性能，主要原因是使用了更多的相邻像素。特别是在使用较大分块时，其预测性能得到加强，随后出现许多基于 PVO 的 RDH 算法[144-150]。

2014 年，Ou 等[145]针对原始 PVO 算法在预测误差等于 0 时不能嵌入信息，提出 PVO-k 算法。在该算法中，参数 k 是像素块中最大值(最小值)的个数。在嵌入信息时，修改一个像素块中所有最大值(最小值)，其他值保持不变。Ou 等指出，k 越大引入的失真越大。为了使算法达到最佳性能，Ou 等使用 PVO-1 和 PVO-2 混合嵌入。另外，Ou 等不再使用次大值与次小值的差值作为像素块复杂度的衡量标准，而以其邻域内相邻像素差值(竖直和水平方向)绝对值的和取而代之。像素块($n_1 \times n_2$)及其邻域像素如图 1.3 所示。

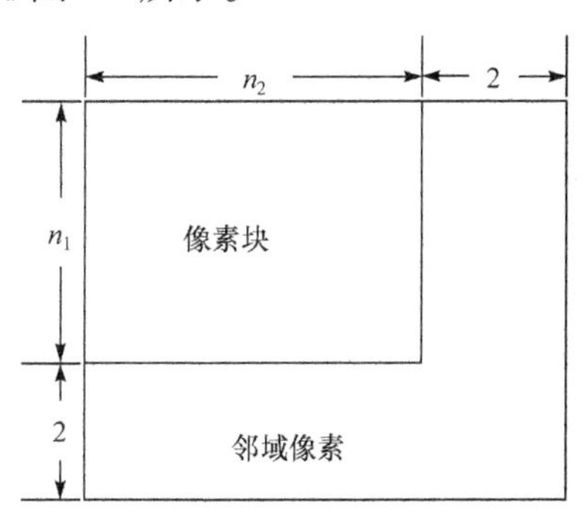

图 1.3 像素块($n_1 \times n_2$)及其邻域像素

同年，Peng 等[146]提出一种改进的基于 PVO 的 RDH 算法。该算法不再使用像素块内的次大值预测最大值、次小值预测最小值，而是根据排序后像素的位置信息计算预测误差。根据这样的思想，一个像素块内的最大值与次大值相等(最小值与次小值相等)，仍然可以嵌入信息，提高了算法的性能。

2015 年，Wang 等[148]在文献[146]的基础上提出动态分块的思想，即平滑区域使用较小的像素块提高嵌入容量，复杂区域使用较大的像素块提高图像质量，提高了算法的性能。

原始 PVO 算法对载体图像进行分块再嵌入信息，每个像素块最多嵌入 2bit，会严重制约嵌入容量。在其后的改进方法中，大多数算法延续了分块的思想，嵌入容量提高不明显。

2015 年，Qu 等[150]使用像素-像素的预测方式，提出基于像素的像素值排序(pixel-based pixel value ordering，PPVO)算法，使每个像素都有可能嵌入信息，极大地提高了嵌入容量，提升了算法的性能。由于 PPVO 算法具有优秀的性能，因此成为 RDH 算法新的研究热点[151-154]。

2018 年，何文广等[152]通过引入全利用方向编码(exploiting modification direction，EMD)方法[155,156]提高 PPVO 算法的性能。在 PPVO 预测过程中，存在最大值等于最小值的可能，此时使用 EMD 方法可以提高该情形时的嵌入容量，对 PPVO 算法性能的进一步提高具有积极意义。

严格来说，PVO 算法是一种特殊的 PEE 算法。PVO 算法使用的预测器具有更好的预测准确性、生成的 PEH 更尖锐，具有更大的嵌入容量和更好的载密图像质量，因此对 PVO 算法单独进行阐述。目前，研究人员对 PVO 算法进行了深入研究，并提出许多基于 PVO 的算法。

6. 基于多直方图修改的 RDH 算法

基于多直方图修改(multiple histograms modification，MHM)的 RDH 算法，是在 PEE 的基础上提出来的。PEH 根据某种规则映射为多个 PEH 后，它所呈现的分布规律与整个载体图像的 PEH 有区别。寻找符合条件的 bins 进行修改，可以得到整体最优。MHM 与单个 PEH 相比，对算法性能的提升更有益，因此对其单独介绍。

Ou 等[157]指出，在直方图修改技术中，区别对待处于平滑区域和粗糙区域的像素的预测误差值可以改善 PEE 的性能。高保真的 RDH 算法又得到人们的重视，归根于自适应的嵌入算法。在这些算法中，自适应嵌入被扩展到预测误差的优化选择上。传统的 PEE 算法使用固定不变的方式对预测误差对应的像素进行修改，并不适合所有的情况。自适应的 PEE 算法根据图像内容选择合适的预测误差进行扩展。

多篇文献指出，根据内容的自适应嵌入有助于提升嵌入性能。传统的 PEH 和 MHM 如图 1.4 所示。MHM 将具有同一性质(相同或相近复杂度)的像素归为一类，MHM 中不同复杂度的 h_n 具有不同的尖锐程度。区别对待 h_n，根据图像内容(所处区域的复杂度)决定扩展的参数对(a_n，b_n)可以减少失真量，提高图像质量。

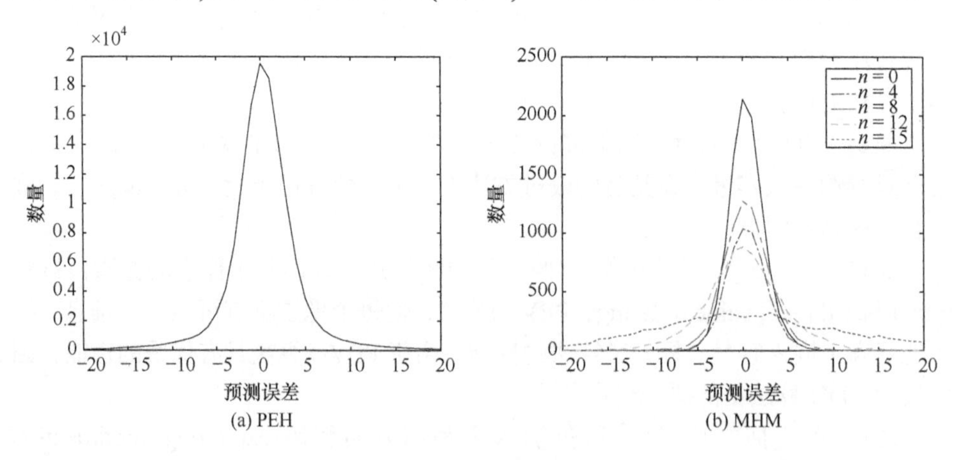

(a) PEH　　(b) MHM

图 1.4　传统的 PEH 和 MHM

预测误差根据菱形预测计算。为了方便计算，MHM 将整个复杂度区间映射到$[0,M]$，这里 M 取 16。

2015 年，Li 等[158]详细介绍了 MHM 技术。在多直方图中，具有相同(或者相近)复杂度的像素被归为一类。对每一类像素构造 PEH，使用 h_n 表示复杂度等于 $n(n>0)$的像素构成的 PEH，即

$$h_n(e)=\#\{1\leqslant i\leqslant N:e_i=e,n_i=n\} \tag{1.2}$$

其中，预测误差 e_i 等于 b_n 和 a_n 时，嵌入 1bit 信息 $m\in\{0,1\}$；大于 b_n 或者小于 a_n 时，进行平移；介于 b_n 和 a_n 时，保持不变，即

$$\tilde{e}_i=\begin{cases}e_i, & a_n<e_i<b_n\\ e_i+m, & e_i=b_n\\ e_i-m, & e_i=a_n\\ e_i+1, & e_i>b_n\\ e_i-1, & e_i<a_n\end{cases} \tag{1.3}$$

复杂度尺度扩展到整个图像的复杂度区间时，多直方图完成构造。

根据式(1.4)修改原载体像素 x_i，可以得到载密像素 $\tilde{x}_i$，即

$$\tilde{x}_i=x_i+\tilde{e}_i \tag{1.4}$$

按照与嵌入相反的顺序可以提取秘密信息 m，恢复原始载体像素 x_i。

Li 等指出，对于给定的嵌入容量，每个 h_n 中 (a_n,b_n) 取遍所有可能的值。式(1.5)取最小值时，$\{(a_n,b_n)\}_{n\geqslant 0}$ 即 MHM 的最优参数，即

$$\frac{\sum_{n\geqslant 0}\left(\sum_{e<a_n}h_n(e)+\sum_{e>b_n}h_n(e)\right)}{\sum_{n\geqslant 0}\left(h_n(a_n)+h_n(b_n)\right)} \tag{1.5}$$

Ou 等[157]将 PVO 算法与 MHM 技术相结合。PVO 预测器性能优异，构造的多直方图更加尖锐，因此将其与 MHM 技术相结合后可以进一步提升算法的性能。

基于 MHM 的算法比较少，从 Li 等和 Ou 等的工作可以看到，MHM 在根据图像内容嵌入信息、提高 RDH 算法性能方面具有一定的潜力。可以推测到，根据图像内容设置合理的参数 $\{(a_n,b_n)\}_{n\geqslant 0}$，将成为今后提高算法性能的一个重要研究方向。

单个可逆信息算法的性能有限，研究者通常将多种算法相结合，充分利用不同算法的优点，获得整体算法最优。PEE、PVO、MHM 等算法都是若干算法相结合，可以得到更优异的算法性能。

7. 基于 MHM 的 RDH 算法

图像密文域 RDH 技术是 RDH 在密文图像载体上的应用。根据信息论，密文载体的熵值远小于明文载体，因此大部分利用明文载体熵冗余嵌入数据的算法在密文域不宜直接应用。

2011 年，Zhang[159]首先在图像密文域实现 RDH，通过伪随机序列加密图像，并将密文图像分块，在每个块中翻转 3 位 LSB 嵌入 1bit 数据，接收端解密后利用自然图像的空间相关性恢复载体图像，但是这种误差较大，不是一种完全可逆的算法。文献[160]改进了 Zhang 的平滑度计算函数，同时结合边缘匹配技术，较大程度地提升了算法准确提取秘密信息的能力，增大了隐藏容量。文献[161]，[162]基于此提出改进方案增大隐藏容量，但是图像解密质量下降严重。此外，文献[163]在加密联合图像专家组(Joint Photographic Experts Group，JPEG)比特流中可逆嵌入信息。文献[164]求取邻域像素平均差值，实现了密文域 RDH，但是算法隐藏容量与解密图像质量的矛盾依然存在。为有效利用像素空间相关性，文献[165]引入随机扩散的方法，设计的高精度预测算法在降低解密误码率的同时可以有效提升嵌入容量。文献[166]在优先保证图像解密质量的前提下提升算法嵌入容量。但是随着隐藏容量的提升，上述算法的可逆性会受到不同程度的影响。为改善算法可逆性，文献[167]采用辅助集合对密文图像进行无损压缩实现信息隐藏。文献[168]对载体图像进行简单分块，利用模加运算嵌入信息，能够完全可逆地恢复载体图像，但是隐藏容量很小。

为了同时提升算法隐藏容量与可逆性，隐写编码被引入密文域 RDH。由于编码与解码的对称性，此类算法恢复载体图像的质量非常高。但在密文图像中应用隐写编码时，编码操作后要保持码字顺序才能正确解码，因此必须先提取信息再解密图像。基于此，文献[169]采用的湿纸编码，文献[155]采用的方向编码，文献[170]采用的基于动态运行码的方案均在提升可逆性的同时保证了较高的隐藏容量。文献[171]引入低密度奇偶校验(low density parity check, LDPC)码，使信息隐藏嵌入率达到 0.1bit/pixel。文献[172]采用熵编码保证算法的完全可逆性。以上基于隐写编码的方案能够满足密文域 RDH 对可逆性的要求，但是在隐藏容量上的表现还有待提升。

为实现解密与信息提取的灵活操作，柯彦等[7]对密文域 RDH 技术进行归纳总结，提出可分离的密文域可逆信息隐藏框架。基于此，文献[173]结合错误学习(learn with errors，LWE)公钥密码加密图像。文献[174]对 LWE 加密后的数据再编码，实现了可分离性。文献[175]在加密之前对图像按位平面执行无损压缩产生冗余。文献[176]结合图像块平滑度排序与直方图修改。文献[177]平移图像块直方图，同样实现了解密与信息提取的相互独立。

上述算法采取的加密方案主要保障对数据存储的安全。在云计算背景下，为使系统维护人员在不获取密文图像具体内容信息的前提下能对图像进行管理，可采用保证数据处理安全的同态加密。同态加密与传统加密最显著的区别在于对密文数据的操作不需要预先解密，因此不会泄露受保护的数据[7]。这与密文数据的管理要求不谋而合。在运用同态加密的密文域 RDH 算法中，肖迪等[178]采用加法同态加密，结合 HS 的思想在密文域嵌入信息。文献[179]对密文图像执行离散余弦变换(discrete cosine transform，DCT)，嵌入信息时采用类同态技术自适应替换 DCT 系数。文献[180]提出全同态加密的密文域信息隐藏方案，可以进一步提升携密密文载体的安全性。文献[181]为满足同态性，第一次通过湿纸编码嵌入以确保信息可直接在密文域提取，第二次通过 HS 嵌入以确保解密图像也能提取信息。经过两次信息嵌入，不论密文图像还是明文图像，均可保证信息正确提取。具备同态性的密文域 RDH 技术更符合云计算下对数据管理的要求[182]，但是用于信息隐藏的同态加密技术大多只能满足一种乘法或加法运算，且计算效率不高，限制了其应用范围。

当前密文域 RDH 中主要存在以下问题：一是算法的隐藏容量很难满足大量附加信息传输的需要；二是当前密文域 RDH 的研究主要集中于提升隐藏容量与可逆性，对算法运算效率、鲁棒性等其他性能指标的研究较少。本书针对上述不足，以提升密文域 RDH 容量为主要目标，提出新的算法，并对该算法的其他性能指标进行研究分析。

1.2.2　可逆信息隐藏算法评价指标

RDH 是一种脆弱水印[40,158]，鲁棒性不强，其性能评价指标主要有嵌入容量、图像质量[183]、嵌入率、计算复杂度等。

本书针对应用需求，主要采用嵌入容量、图像质量和嵌入率来评价算法的性能。

1. 嵌入容量

嵌入容量是 RDH 算法在载体图像中隐藏信息的最大比特数。嵌入容量越大，表示算法的嵌入能力越强，在同一个载体中能够隐藏越多的信息。

嵌入率是算法嵌入能力强弱的另一种衡量指标，表示平均每个载体像素承载的秘密信息量[155,184]，单位是 bit/pixel。

假设载体图像 I 的大小是 $W \times H$，嵌入容量与嵌入率之间的关系为

$$\mathrm{ER} = \frac{\mathrm{EC}}{WH} \tag{1.6}$$

嵌入容量和嵌入率均可对算法的嵌入性能进行评价，它们之间可以等价转换。IDH 算法的嵌入容量通常比较大，使用嵌入率对算法嵌入能力进行评价比较常见。相比之下，RDH 算法的嵌入容量比较小，使用嵌入容量评价算法的嵌入能力。

2. 图像质量

图像质量指标也称不可见性，指嵌入信息后的载密图像与原始载体图像之间的差异程度。

评价图像质量有主观的评价方法和客观的评价方法。

主观的评价方法是观察者通过观察图像对其打分进行评价。主观评价容易受到观察者知识背景、观测环境等多种因素的影响，在 RDH 算法中几乎不采用这种评价方法。

客观的评价方法主要使用峰值信噪比(peak signal to noise ration，PSNR)，它的数学定义为

$$\mathrm{PSNR} = 10 \times \lg \frac{\left(2^n - 1\right)^2}{\mathrm{MSE}} \tag{1.7}$$

其中，参数 n 是信号采样值的比特数，对于 8 位灰度图像来说，n 等于 8；MSE 是原始载体图像与载密图像之间的均方误差(mean square error，MSE)，即

$$\mathrm{MSE} = \frac{\sum_{i=1}^{H} \sum_{j=1}^{W} \left(p_{i,j} - p'_{i,j}\right)^2}{HW} \tag{1.8}$$

其中，H 和 W 为图像的长度和宽度；$p_{i,j}$ 和 $p'_{i,j}$ 为原始载体像素值和载密像素值。

对于 RDH 算法，PSNR 越大，表示嵌入信息后载密图像与原始载体图像之间的差异越小(引入的失真越小)，算法的隐蔽性就越强，隐藏信息的行为就越不容易被发现。

3. 嵌入率

嵌入率[184]是嵌入的信息量与因嵌入操作而造成的失真量之间的比值，其计算公式为

$$E = \frac{N_c}{0.5N_c + N_s} \tag{1.9}$$

其中，N_c 为嵌入的信息量；N_s 为引入的失真量。

当嵌入的信息量一定时，减少引入的失真量 N_s 可以提高嵌入率。联系式(1.7)和式(1.8)，在嵌入信息量不变时，失真量越小，PSNR 越大。因此可以得出，较高的嵌入率意味着引入的失真较少，可以获得更好的图像质量。

第 2 章　基于像素值排序的高效率可逆信息隐藏算法

2013 年，Li 等[143]将 PVO 和 PEE 技术相结合，提出一种高保真的 RDH 算法，简称 PVO 算法。PVO 算法将载体图像分成大小相等的像素块，块内像素值升序排序，使用次大值预测最大值、次小值预测最小值，然后使用 PEE 技术嵌入秘密信息。由于块内像素具有较好的相关性，PVO 预测器的预测准确性比较高，PVO 算法性能与之前的算法相比有很大提升。因此，PVO 算法一经提出就受到研究者的广泛关注和高度重视，并提出许多基于 PVO 的 RDH 算法[145,147,149,183,185,186]。

PVO 算法使用像素块内次大值与次小值的差作为衡量像素块复杂度的标准，优先选取复杂度较小的像素块嵌入信息。基于 PVO 的 RDH 算法在选取平滑像素块时多数采取该策略。使用嵌入率对该策略的性能进行分析，在嵌入负载比较小的时候不能明显提高嵌入率，说明次大值与次小值的差值并不能准确反映像素分块的复杂度。嵌入率越高表明引入的失真量越小，载密图像质量越好。低嵌入负载时嵌入率不高，说明像素选择有一定的局限性。针对该问题，本章提出一种基于 PVO 的高效率 RDH 算法。

2.1　像素值排序算法

2.1.1　像素值排序算法嵌入过程

Li 等提出的 PVO 算法构造了一个称为 PVO 的预测器。该预测器与以往的预测器相比，预测准确性更高[96,130]。在得到预测误差之后，Li 等使用 PEE 技术嵌入秘密信息。

在 PVO 算法中，载体图像被划分为多个大小相等的不重叠像素块$(n_1 \times n_2)$，每个像素块包含 n 个像素。假设像素块 X 的像素值依次为 $(x_1, x_2, \cdots, x_n)$，升序排序得到的序列为 $(x_{\sigma(1)}, x_{\sigma(2)}, \cdots, x_{\sigma(n)})$。该算法使用次大值 $x_{\sigma(n-1)}$ 预测最大值 $x_{\sigma(n)}$、次小值 $x_{\sigma(2)}$ 预测最小值 $x_{\sigma(1)}$。这里以修改最大值为例，简要介绍 PVO 算法的过程。

与最大值 $x_{\sigma(n)}$ 相应的预测误差 $\mathrm{PE}_{\max}$ 为

$$\mathrm{PE}_{\max} = x_{\sigma(n)} - x_{\sigma(n-1)} \tag{2.1}$$

根据待嵌入秘密比特 $b \in \{0,1\}$ 的值，预测误差 $\mathrm{PE}_{\max}$ 可修改为

$$\mathrm{PE}_{\max}=\begin{cases}\mathrm{PE}_{\max}, & \mathrm{PE}_{\max}=0\\ \mathrm{PE}_{\max}+b, & \mathrm{PE}_{\max}=1\\ \mathrm{PE}_{\max}+1, & \mathrm{PE}_{\max}>1\end{cases}\tag{2.2}$$

最大值$x_{\sigma(n)}$被修改为$\tilde{x}$，即

$$\tilde{x}=x_{\sigma(n-1)}+\mathrm{PE}_{\max}=\begin{cases}x_{\sigma(n)}, & \mathrm{PE}_{\max}=0\\ x_{\sigma(n)}+b, & \mathrm{PE}_{\max}=1\\ x_{\sigma(n)}+1, & \mathrm{PE}_{\max}>1\end{cases}\tag{2.3}$$

至此，一次信息嵌入过程完成。

在提取端，采用相同的方式预测最大值，得到预测误差$\mathrm{PE}_{\max}$后分别根据式(2.4)和式(2.5)提取秘密信息b、恢复原始载体像素x，即

$$b=\begin{cases}0, & \mathrm{PE}_{\max}=1\\ 1, & \mathrm{PE}_{\max}=2\end{cases}\tag{2.4}$$

$$x=\begin{cases}\tilde{x}-1, & \mathrm{PE}_{\max}>1\\ \tilde{x}, & \text{其他}\end{cases}\tag{2.5}$$

Li 等论证了最大值在嵌入信息前后与像素块内其他像素的大小关系保持不变，满足可逆性要求。

修改最小值嵌入信息和提取过程与修改最大值类似[143]。

2.1.2　像素值排序的像素选择策略

在 RDH 算法中，处于平滑区域的像素的预测准确度更高，可以嵌入更多的秘密信息、减少失真的引入[187]。PVO 算法继承了这种思想，它使用像素块的次大值与次小值的差值作为衡量分块复杂度的标准，优先在小于阈值T的平滑像素块中嵌入秘密信息。这样虽然简单，但存在一定的局限性，特别是在低嵌入率时，算法的嵌入率较低。

嵌入率反映嵌入秘密比特数与因嵌入信息引入的失真量之间的关系。当嵌入信息量一定时，减少引入的失真量可以提高嵌入率，较高的嵌入率意味着引入的失真量较少，可以获得更好的图像质量(PSNR)。在平滑区域，像素之间的相关性更高，使用目标像素的相邻像素对其预测准确性更高。基于 PEE 的 RDH 算法优先选择在平滑区域嵌入信息，可以获得更高的嵌入率，更少的像素移动(失真)量。

像素选择策略通过设置一个满足嵌入负载的最小复杂度阈值T，忽略更多的不适合嵌入秘密信息的复杂像素(块)，以达到尽可能减少移动像素的数量，从而提高嵌入率和图像质量(PSNR)。优秀的像素选择应该能够较好地区分平滑和复杂区域，当T比较小时可以获得较高的嵌入率。根据以上分析，嵌入率对复杂度阈值T是敏感的，或者说随着T的增大，嵌入率迅速降低。如果T的变化对嵌入率

影响非常小，在信息嵌入过程中就不能尽可能多地排除复杂像素(块)，这意味着像素选择有待改进。

PVO 算法[143]使用块内像素值的次大值与次小值的差来衡量像素块的复杂度。如果该差值大于等于阈值 T，则说明该像素块是复杂像素块，不适合嵌入秘密信息；否则，对该像素块执行信息嵌入操作。

以 Lena 图像为例，计算 PVO 算法在不同阈值时的嵌入率(像素方块大小为 2×2)。曲线如图 2.1 所示。由图可知，PVO 算法的嵌入率曲线变化平缓，说明像素选择策略可以进一步改进。

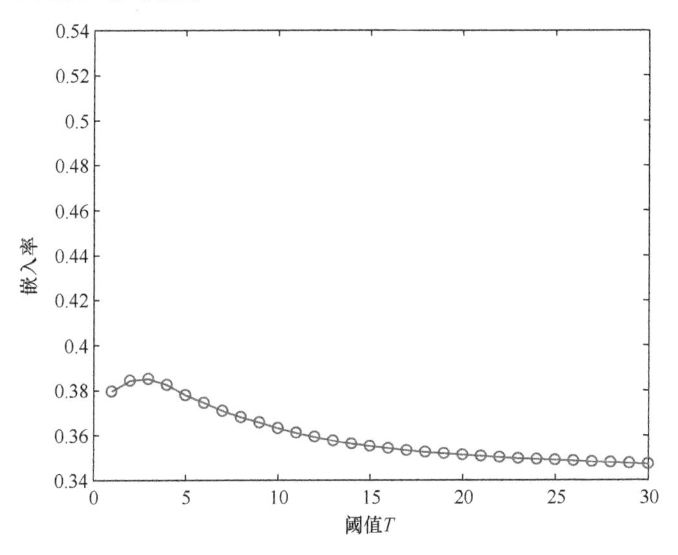

图 2.1　PVO 嵌入率曲线(Lena 图像)

2.2　算法原理与过程

通过上节分析，PVO 算法采用的像素块选择策略存在缺陷，当阈值 T 比较小时，嵌入率比较低。针对这个问题，对像素块选择策略进行改进，我们提出一种基于 PVO 的高效率 RDH 算法来提高嵌入率和图像质量。

2.2.1　改进的像素块选择策略

标准差[188-190]反映数据的离散程度，即

$$\sigma=\sqrt{\frac{1}{N}\sum_{i=1}^{N}(x_i-\mu)^2} \tag{2.6}$$

其中，μ 为均值；x_i 是序号为 $i(1\leqslant i\leqslant N)$ 的像素的值。

标准差能够较好地反映像素块内像素值的离散程度。使用它作为图像分块的复杂度衡量标准更客观，因此改进算法使用标准差衡量分块复杂度。

像素值在嵌入秘密信息后可能发生改变，像素块的标准差随之改变。为了保证算法的可逆性，可以使用它的邻域像素块的标准差进行估算。目标像素块及其邻域像素块(图 2.2)的复杂度相同或者相近，这里使用目标像素块的三个邻域像素块共同预测目标像素块的标准差。

目标 像素块	邻域 像素块A
邻域 像素块B	邻域 像素块C

图 2.2　目标像素块及其邻域像素块

目标像素块的标准差根据下式计算，即

$$\sigma = a\sigma_A + b\sigma_B + c\sigma_C \tag{2.7}$$

其中，σ_A、σ_B、σ_C 分别表示邻域像素块 A、B、C 的标准差。

在本书算法中，根据经验，系数 (a,b,c) 取值(0.37, 0.37, 0.26)。

以 Lena 图像为例，以标准差作为衡量像素块复杂度的标准，研究嵌入率与阈值(T)的变化关系，绘制嵌入率变化曲线(图 2.3)。在该实验中，像素块大小为 2×2，图 2.3 使用与图 2.1 相同的横纵坐标。

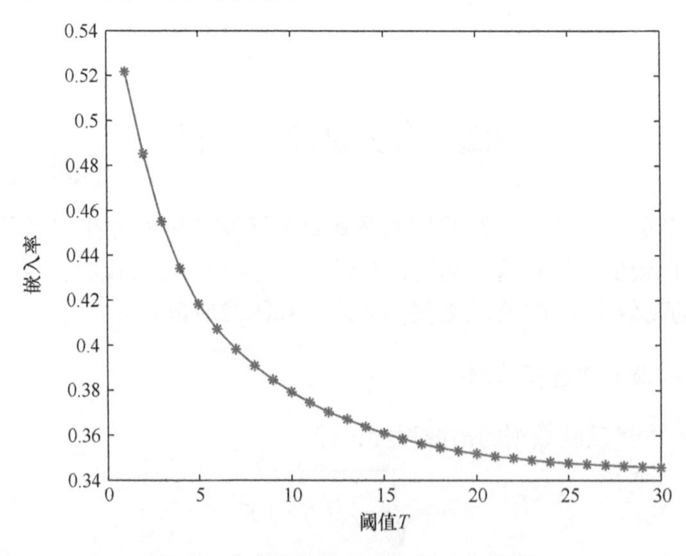

图 2.3　本书算法嵌入率曲线(Lena 图像)

由图 2.3 可知，当阈值 T 比较小时，像素选择策略具有比较高的嵌入率。随着阈值 T 的不断增大，嵌入率迅速降低。这充分说明本书算法的像素块选择策略能够有效区分平滑像素块和复杂像素块。

2.2.2　嵌入与提取过程

本书对 PVO 算法进行扩展，提出一种低嵌入负载时嵌入率更高的像素选择方法。信息嵌入和提取流程框架如图 2.4 所示。信息嵌入和提取的细节内容可参考 PVO 算法。

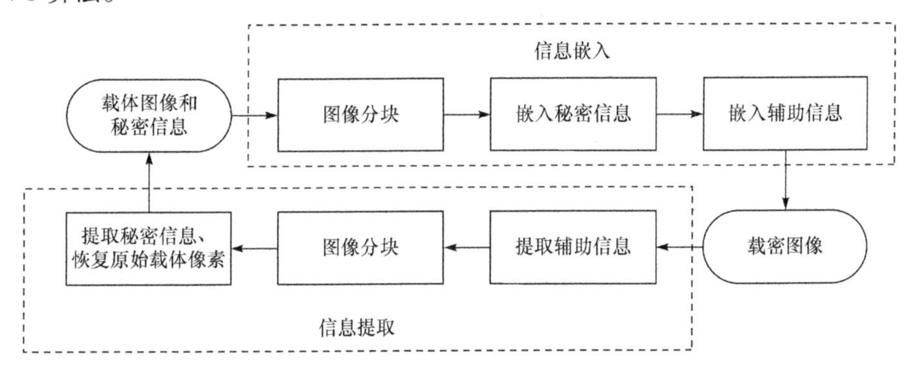

图 2.4　信息嵌入和提取流程框架

在嵌入秘密信息之前，需要对可能发生溢出问题的像素进行处理。溢出处理方法[143]在许多文献中都有详细描述，这里不再赘述。本书对溢出像素的处理参考上述文献，嵌入信息使用的载体图像是已经预处理过的图像。

载体图像首先被划分为不重叠的像素块，每个像素块包含 $n_1 \times n_2$ 个像素。在本书算法中，优先选择标准差小的像素块嵌入信息。如果该像素块的标准差小于阈值 T，则可以嵌入秘密信息，否则作为复杂像素块，按照从左至右、从上至下的顺序依次扫描载体图像。

一般来说，阈值越小，获得的载密图像质量越好。但是，较小的阈值同时也会限制嵌入容量。在实际嵌入过程中，根据嵌入负载大小，选择能够满足嵌入负载的最小值作为阈值。

秘密信息嵌入过程如下。

输入：载体图像 I(大小为 $W \times H$)，秘密比特流 $M(m_1 m_2 \cdots m_{LN})$ 。

输出：载密图像 I' 。

Step1：对图像进行不重叠分块，每个像素块包含的像素数量为 $n_1 \times n_2$ 。像素块用 $B(i)$ 表示，i 是满足 $1 \leqslant i \leqslant (W \times H) / (n_1 \times n_2)$ 条件的整数。

Step2：令 $i=1$。

Step3：读取像素块 $B(i)$，预测目标像素块的标准差。

Step4：若像素块 $B(i)$ 的标准差大于阈值，则转 Step5 执行；否则，采用经典 PVO 算法嵌入秘密信息。

Step5：令 $i=i+1$，转 Step3 执行。

当所有秘密信息嵌入后，记录最后一个像素块的位置 pos。

RDH 算法为了实现盲提取，需要将 LM(图像嵌入信息之前进行的预处理)、阈值 T、最后一个像素块的位置 pos 等辅助信息嵌入载体像素 pos 之后的剩余部分。

在提取端，首先提取辅助信息，获得盲提取所需的像素块大小参数 $n_1 \times n_2$、阈值 T、最后一个像素块的位置 pos，以及压缩后的 LM。与嵌入过程相似，首先将载密图像划分为不重叠的像素块，每个像素块包含 $n_1 \times n_2$ 个像素。按照从右至左、从下至上的顺序扫描图像。开始扫描的像素块是嵌入完成时最后一个像素块的位置 pos。当信息提取完成时，水平反转比特流得到原始秘密信息。

秘密信息提取流程如下。

输入：载密图像 I'。

输出：原始载体图像 I(大小为 $W \times H$)，秘密比特流 $M(m_1 m_2 \cdots m_{LN})$。

Step1：对载密图像进行不重叠分块，每个像素块包含的像素数量为 $n_1 \times n_2$。像素块用 $B(i)$ 表示，i 为满足 $1 \leqslant i \leqslant (W \times H)/(n_1 \times n_2)$ 条件的整数。

Step2：令 $i = \text{pos}$。

Step3：读取像素块 $B(i)$，预测目标像素块的标准差。

Step4：若像素块 $B(i)$ 的标准差大于阈值 T，则转 Step5 执行；否则，采用原始 PVO 算法提取秘密信息。

Step5：令 $i=i-1$，转 Step3 执行。

2.3 实验分析

实验使用 12 幅大小为 512×512 像素的 8 位灰度图像作为测试图像(图 2.5)，分别是 Aerial、Airplane、Baboon、Barbara、Boat、Couple、Elaine、House、Lena、Peppers、Sailboat、Tiffany。除 Barbara 外，其他图像均下载自 USC-SIPI 图像数据库[191]。

(a) Aerial (b) Airplane (c) Baboon (d) Barbara

(e) Boat (f) Couple (g) Elaine (h) House

(i) Lena (j) Peppers (k) Sailboat (l) Tiffany

图 2.5 测试图像

本书算法和对比算法均在 MATLAB 2016b 上实现。嵌入的比特信息流由系统随机函数生成，采用嵌入率和图像质量(PSNR)对实验结果进行评价。

在实验中，对于每个给定的嵌入负载，载体图像按照 2×2 像素、3×3 像素、4×4 像素、5×5 像素、6×6 像素进行分块。程序执行 5 次，选择满足嵌入容量的最大 PSNR 作为当前负载下的最优 PSNR。实验设置起始嵌入负载，嵌入容量为 5000bit、步长为 1000bit，嵌入负载不断增大，直至该图像的最大嵌入容量，计算不同嵌入负载下的嵌入率和图像质量。

2.3.1 嵌入率

本书算法与 PVO 算法嵌入率对比如图 2.6 所示。从实验结果来看，大多数情况下，本书算法的嵌入率优于 PVO 算法。特别是在嵌入负载较低时(5000～10000bit)有明显的优势。图像 Airplane 和 House 是典型的平滑图像，无论负载如何变化，本书算法的嵌入率始终优于 PVO 算法。主要原因是本书算法使用标准差作为像素块复杂度的评价标准，可以较好地区分平滑块和复杂块，减少因嵌入信息而移动的像素数量，获得较高的嵌入率。有些测试图像在低嵌入负载时，如 Boat 和 Couple，本书算法与 PVO 算法的嵌入率几乎没有差别，但是当嵌入负载大于 10000bit 时，PVO 算法的嵌入率不如本书算法。

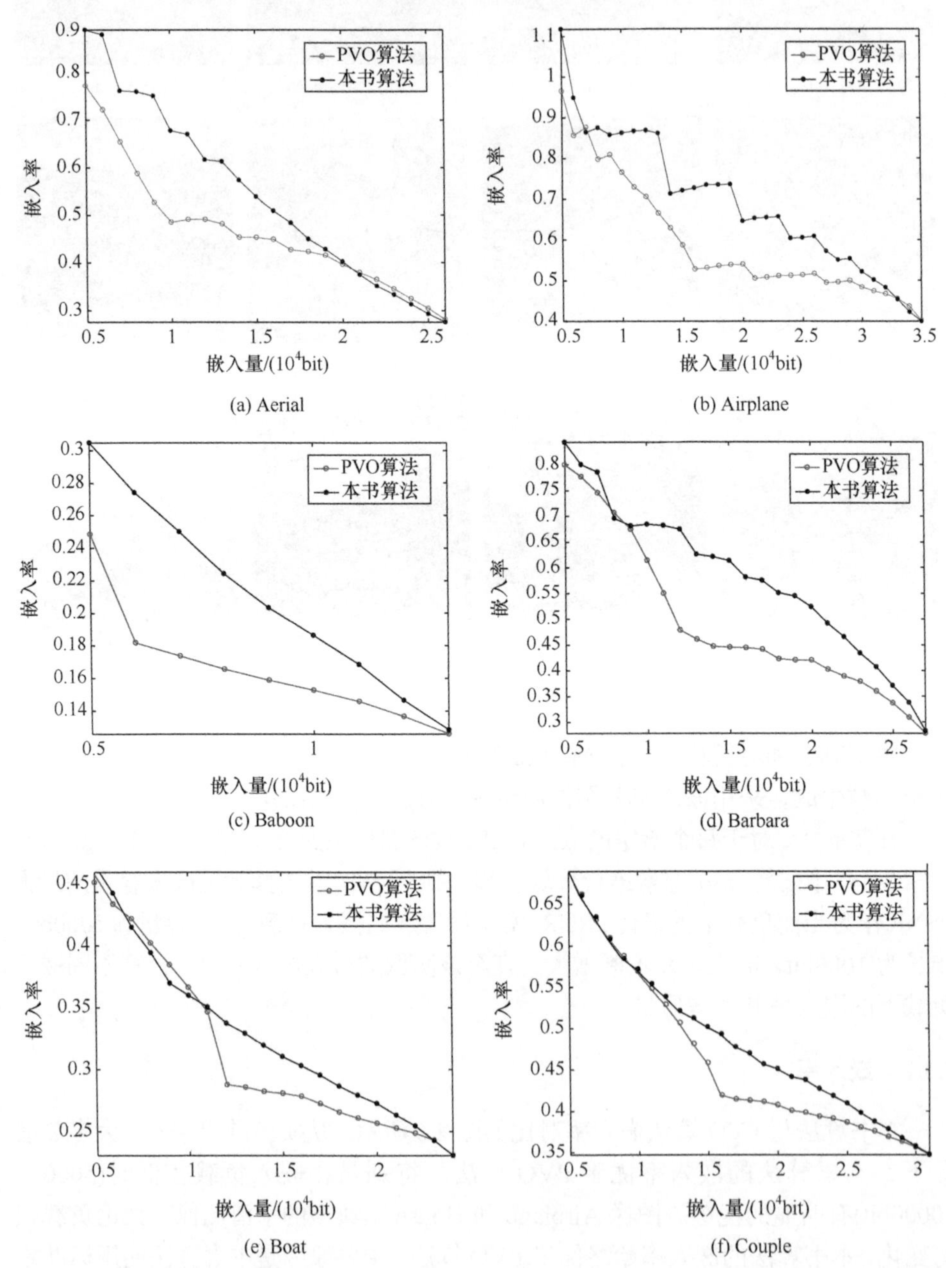

(a) Aerial　(b) Airplane　(c) Baboon　(d) Barbara　(e) Boat　(f) Couple

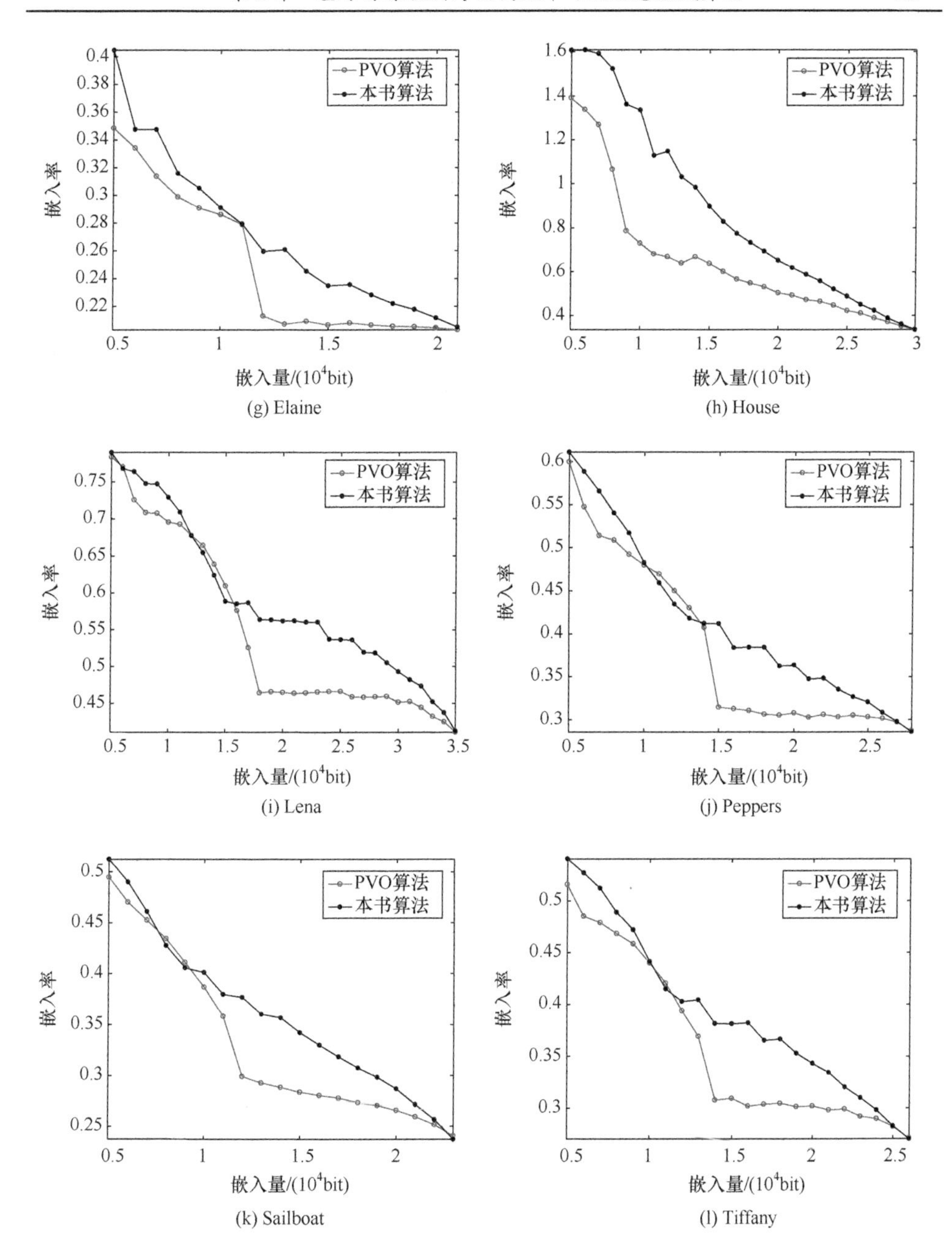

图 2.6　本书算法与 PVO 算法嵌入率对比

随着嵌入负载的增大，本书算法与 PVO 算法的嵌入率逐渐接近。这是因为本书算法没有提高最大嵌入容量，嵌入率曲线下降更快。当嵌入负载等于最大嵌入容量时，本书算法与 PVO 算法的嵌入率最终一致。

从图 2.6 可以看到另一种现象，当嵌入负载达到某一定值时，PVO 算法的嵌入率曲线非常平缓，如图 2.6(b)、图 2.6(d)～图 2.6(l)所示。特别是图 2.6(g)、图 2.6(i)、图 2.6(j)、图 2.6(l)，它们的后半段曲线几乎呈水平直线。嵌入率不随嵌入容量变化，或者说不随阈值 T 变化(嵌入容量随着 T 的增大而增大)，说明像素选择技术近乎失效，进一步证实了 2.1.2 节的分析。本书算法的嵌入率曲线几乎不存在这样的现象。

个别图像的嵌入率曲线呈断崖式变化，以图 2.6(b)最明显。产生这种现象的原因是本书算法和 PVO 算法在嵌入信息时对图像进行分块(2×2 像素、3×3 像素等)，较大的分块包含更多的像素，其预测目标像素的准确度更高。不同分块之间预测准确度的差异致使当较大分块向较小分块变化时，嵌入性能发生剧烈的变化。

表 2.1 给出了嵌入负载为 10000bit 和 20000bit 时算法的嵌入率。当嵌入负载为 10000bit 时，除 Boat 图像，本书算法的嵌入率均优于 PVO 算法。此时，本书算法和 PVO 算法的平均嵌入率分别为 0.5852 和 0.4961。当嵌入负载为 20000bit 时，本书算法对所有测试图像的嵌入率均优于 PVO 算法。此时，本书算法和 PVO 算法的平均嵌入率分别为 0.4287 和 0.3697。

嵌入率是嵌入负载量与失真量之间的比值。在嵌入负载一定时，嵌入率越大意味着嵌入过程引入的失真量越小。嵌入率实验结果表明，在相同嵌入负载下，本书算法可以减少失真量。

表 2.1 嵌入负载为 10000bit 和 20000bit 时算法的嵌入率

图像	10000bit		20000bit	
	PVO 算法	本书算法	PVO 算法	本书算法
Aerial	0.4848	0.6773	0.3964	0.4028
Airplane	0.7646	0.8630	0.5395	0.6457
Baboon	0.1525	0.1863	—	—
Barbara	0.6141	0.6844	0.4199	0.5236
Boat	0.3662	0.3600	0.2565	0.2727
Couple	0.5692	0.5720	0.4076	0.4514
Elaine	0.2859	0.2910	0.2044	0.2117
House	0.7298	1.3351	0.5028	0.6524
Lena	0.6952	0.7289	0.4647	0.5615
Peppers	0.4647	0.4823	0.3077	0.3636
Sailboat	0.3866	0.4010	0.2652	0.2865
Tiffany	0.4397	0.4414	0.3017	0.3433
均值	0.4961	0.5852	0.3697	0.4287

2.3.2　图像质量

图 2.7 为本书算法与 PVO 算法图像质量(PSNR)对比。从实验结果来看，本书算法在多数情况下可以取得更好的图像质量。

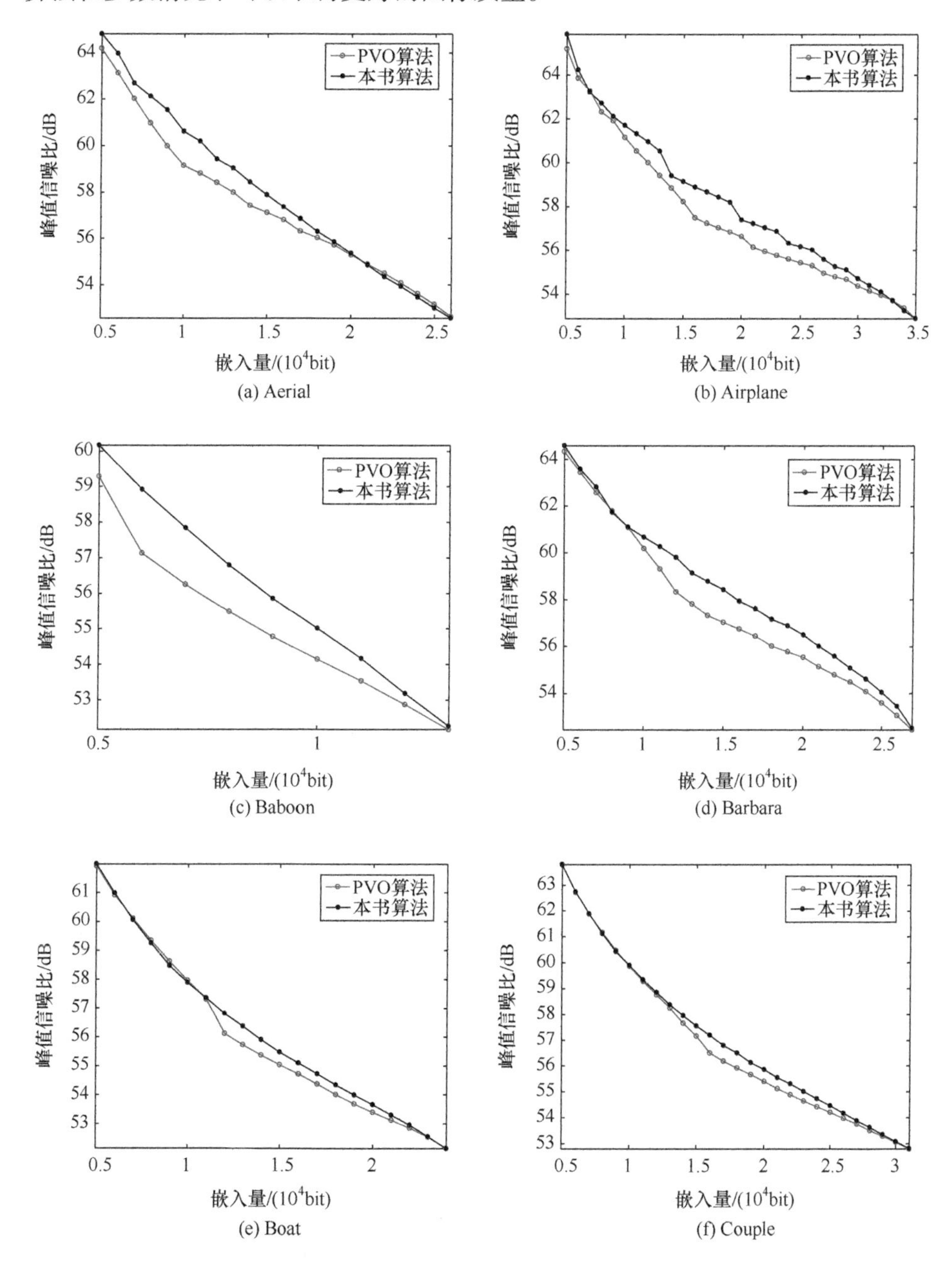

(a) Aerial　(b) Airplane

(c) Baboon　(d) Barbara

(e) Boat　(f) Couple

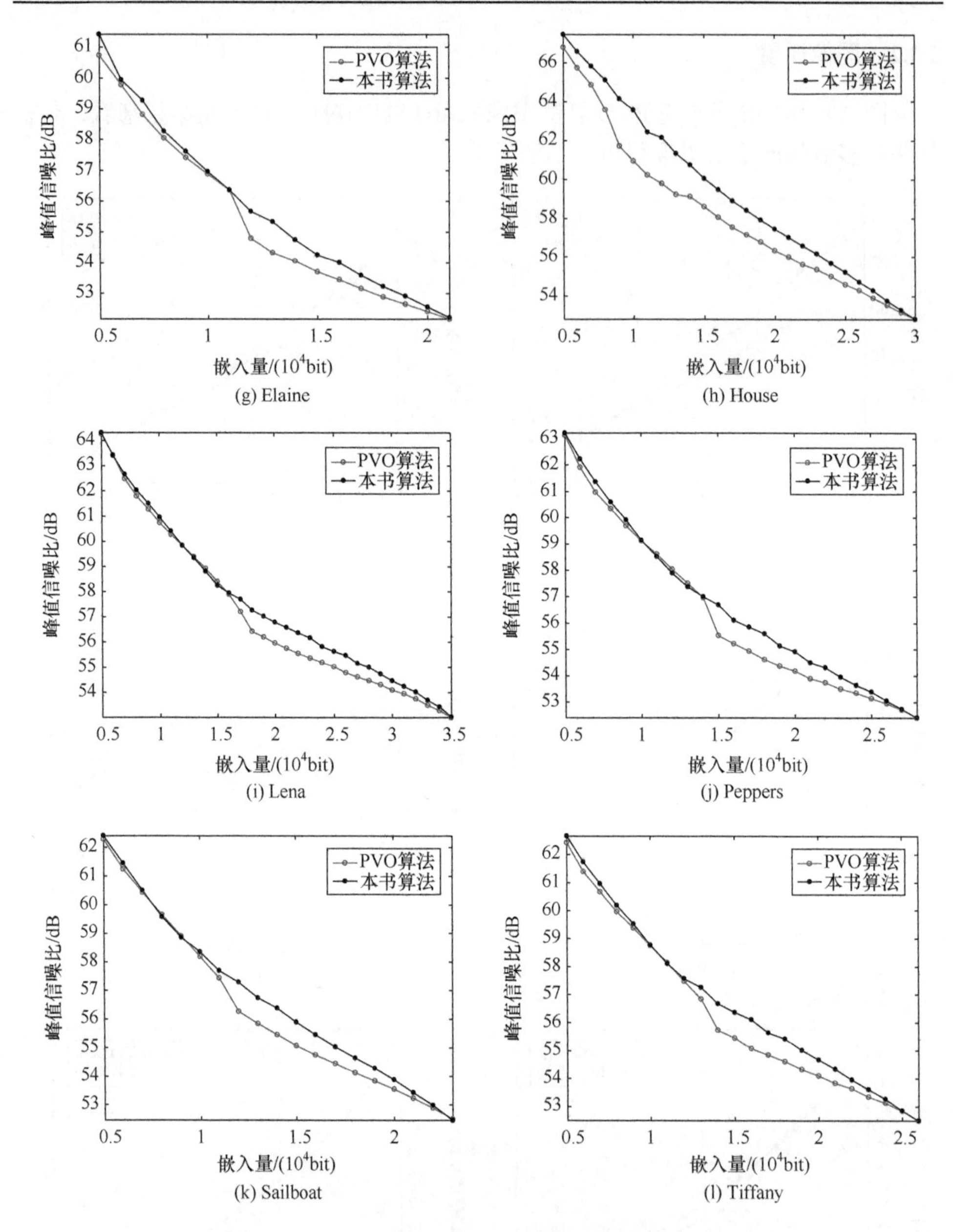

图 2.7 本书算法与 PVO 算法图像质量(PSNR)对比

联系本书算法与 PVO 算法嵌入率对比图,图像质量曲线与嵌入率曲线基本一致。以图 2.7(e)～图 2.7(l)为例，在嵌入负载为 10000bit 时，本书算法与 PVO 算法的嵌入率一致(或者接近一致)，之后本书算法的嵌入率要高于 PVO 算法。在嵌入率对比图中，它们表现出一致的趋势。嵌入率曲线和图像质量曲线相似的规则性在其他图像中也有体现，这里不一一列举。

表 2.2 给出了嵌入负载为 10000bit 和 20000bit 时算法的 PSNR。从表中可以看到，本书算法与 PVO 算法相比，对于不同的测试图像，图像质量均有不同程度的提高。在嵌入负载为 10000bit 和 20000bit 时，平均 PSNR 分别提高 0.5342dB 和 0.5664dB。

表 2.2　嵌入负载为 10000bit 和 20000bit 时算法的 PSNR　(单位：dB)

图像	10000bit		20000bit	
	PVO 算法	本书算法	PVO 算法	本书算法
Aerial	59.1502	60.6091	55.2889	55.3526
Airplane	61.1481	61.6866	56.6276	57.3975
Baboon	54.1485	55.0128	—	—
Barbara	60.1818	60.6673	55.5412	56.5052
Boat	57.9579	57.8806	53.3985	53.6622
Couple	59.8605	59.8907	55.4011	55.8576
Elaine	56.8804	56.9588	52.4130	52.5576
House	60.9474	63.5673	56.3222	57.4514
Lena	60.7455	60.9585	55.9696	56.7855
Peppers	59.1178	59.1393	54.1876	54.9154
Sailboat	58.1830	58.3486	53.5474	53.8764
Tiffany	58.7509	58.7626	54.0984	54.6645
均值	58.9227	59.4569	54.7996	55.3660

对同一测试图像，嵌入率曲线和图像质量曲线具有相似性，说明算法的嵌入率和算法性能是一致的。对比表 2.1 和表 2.2，在不同嵌入负载时，本书算法与 PVO 算法的实验结果一致。当嵌入负载为 10000bit 时，本书算法对测试图像 Boat 的嵌入率和 PSNR 比 PVO 算法低。除此之外，本书算法的实验结果均要优于 PVO 算法。

在某些情况下，研究 RDH 算法的嵌入率更直观、更容易。通过研究算法的嵌入率对其进行改善，可以减少引入的失真量，提高载密图像的保真度。受该观点启发，第 5 章立足于提高算法的嵌入率，提出基于 MHM 的最优嵌入率 RDH 算法，可以显著地改善算法的性能。

2.4　本 章 小 结

本章对 PVO 算法性能进行分析，指出其像素块选择策略存在的技术缺陷，提出使用标准差作为衡量分块复杂度标准的技术思路，通过目标像素块的 3 个相邻像素块预测其标准差，优先选择标准差小的像素块嵌入信息，根据嵌入负载要求自适应地调节复杂度阈值 T 的大小。通过测试多幅(12 幅)载体图像，实验结果表明，本章算法与 PVO 算法相比，具有更高的嵌入率和更好的图像质量。

基于 PVO 的 RDH 算法在选取平滑像素块时大多采取与 PVO 相同的像素块选择策略。可以预见，这些算法使用本章提出的像素块选择策略，性能会进一步改善。

第3章 改进的基于像素的像素值排序可逆信息隐藏算法

Li 等的 PVO 算法[143]使用的预测器与 MED[138,192]、GAP 等预测器[130,187,193,194]相比性能更好、预测准确性更高。PVO 算法与其之前的算法相比，算法性能有很大提升，成为研究人员关注的热点。PVO 算法对载体图像进行分块，对块内像素按升序排序，使用次大值预测最大值、次小值预测最小值，当预测误差为 1 时，嵌入 1bit 秘密信息。每个像素块中最多只能嵌入 2bit 秘密信息，较多的载体像素被忽略，使它的最大嵌入容量受到限制。在改进算法中[144,145,147-149,185,186,195-200]，由于没有突破以像素块为单位的嵌入方式,因此基于 PVO 的改进算法的性能提升不明显。

Qu 等[150]根据 PVO 算法的思想，提出 PPVO 算法。在 PPVO 算法中，嵌入以像素-像素的方式进行，使每个载体像素都有可能被用来嵌入信息，极大地提高了最大嵌入容量，改善了载密图像的图像质量(PSNR)[151,201]。

在自然图像中，相邻像素具有较强的相关性[202-204]，使用一个像素的邻近像素可以近似地表达该像素的值。PEE 算法正是利用该特性，使用较多的邻域像素获取高质量的载密图像。PVO 算法和 PPVO 算法继承了这种思路，使用许多邻域像素增强预测器的准确性，可以获得良好的算法性能。

目标像素及其相邻像素的相关性随着距离的变化而变化，在基于 PEE 的算法中很少有学者考虑这种变化。本章通过研究目标像素与其相邻像素之间的关系，使用与目标像素相关性更强的像素重构上下文像素，改善预测器的准确度，提高算法的性能。

3.1 算法原理与过程

3.1.1 目标像素与其上下文像素之间的相关性

在 PPVO 算法中，目标像素 x 及其上下文像素如图 3.1 所示。Qu 等使用 CN 表示目标像素 x 的上下文像素的数量，使用 $C=(c_1,c_2,\cdots,c_{\mathrm{CN}})$ 表示构成的上下文像素集合。Qu 等构造了一个称为 PPVO 的预测器，使用 C 的最大值或者最小值对 x 进行预测。PPVO 预测目标像素的过程如图 3.2 所示，$\hat{x}$ 表示目标像素 x 的预测值，VC 表示 C 的最大值等于最小值。在得到 x 的预测值后，使用 PEE 技术在 x 中嵌入信息。

x	C_1	C_4	C_9
C_2	C_3	C_6	C_{11}
C_5	C_7	C_8	C_{13}
C_{10}	C_{12}	C_{14}	C_{15}

图 3.1　目标像素 x 及其上下文像素

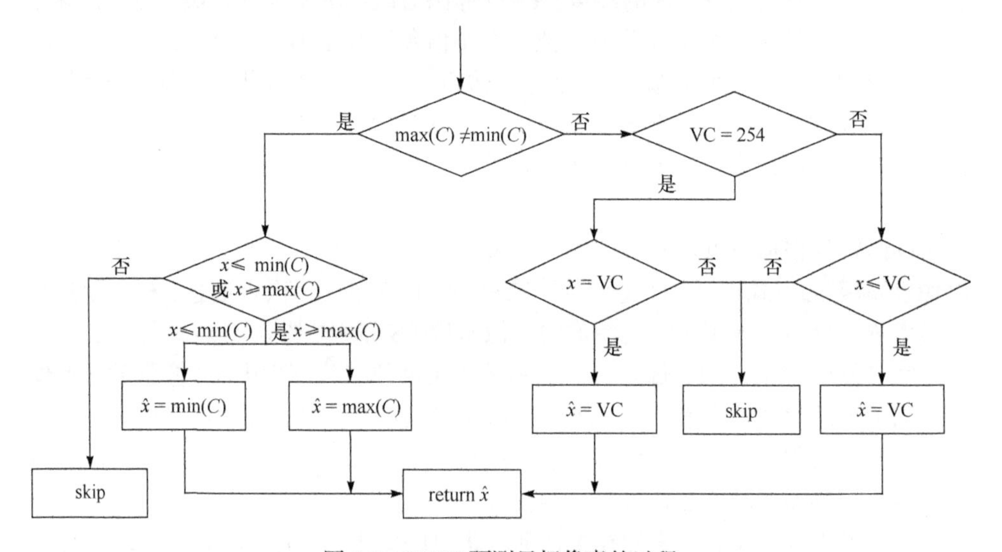

图 3.2　PPVO 预测目标像素的过程

PPVO 算法的最大嵌入容量与 CN 的大小有关。当 CN 比较小时，嵌入容量比较大、图像质量比较低；相反，当 CN 较大时，嵌入容量比较小、图像质量比较好。在具体嵌入过程中，PPVO 算法根据嵌入负载动态地选择 CN，同时使用 C 的最大值和最小值的差作为像素复杂度，使算法的性能达到最优。

PEE 使用了更多的相邻像素，它们之间的相关性被充分利用，因此可以获得更好的算法性能[73]。在 PPVO 的预测过程中，使用的相邻像素最多达到 15 个，可以预见该预测方法的预测准确程度更高。然而，在对 x 的预测过程中，预测值 $\hat{x}$ 是 C 中像素值共同作用的结果，每个像素对 x 的预测准确程度有所不同。

基于以上思考，研究 C 中不同位置的像素对预测结果的影响程度，选择对预测准确性贡献更大的像素，构造一个更合理、更高效的上下文像素集合。

给定 CN，统计预测误差为 0 时，邻域像素 $c_1, c_2, \cdots, c_{\text{CN}}$ 等于目标像素 x 的频

数，分别计算它们与总的预测误差等于 0 的频数的比例，以此表示像素 $c_i, i \in \{1,2,\cdots,$ CN$\}$ 正确预测目标像素的概率。以 Lena 和 Baboon 为例，CN = {3,7,11,15} 时 c_i 正确预测目标像素 x 的概率如图 3.3 和图 3.4 所示。

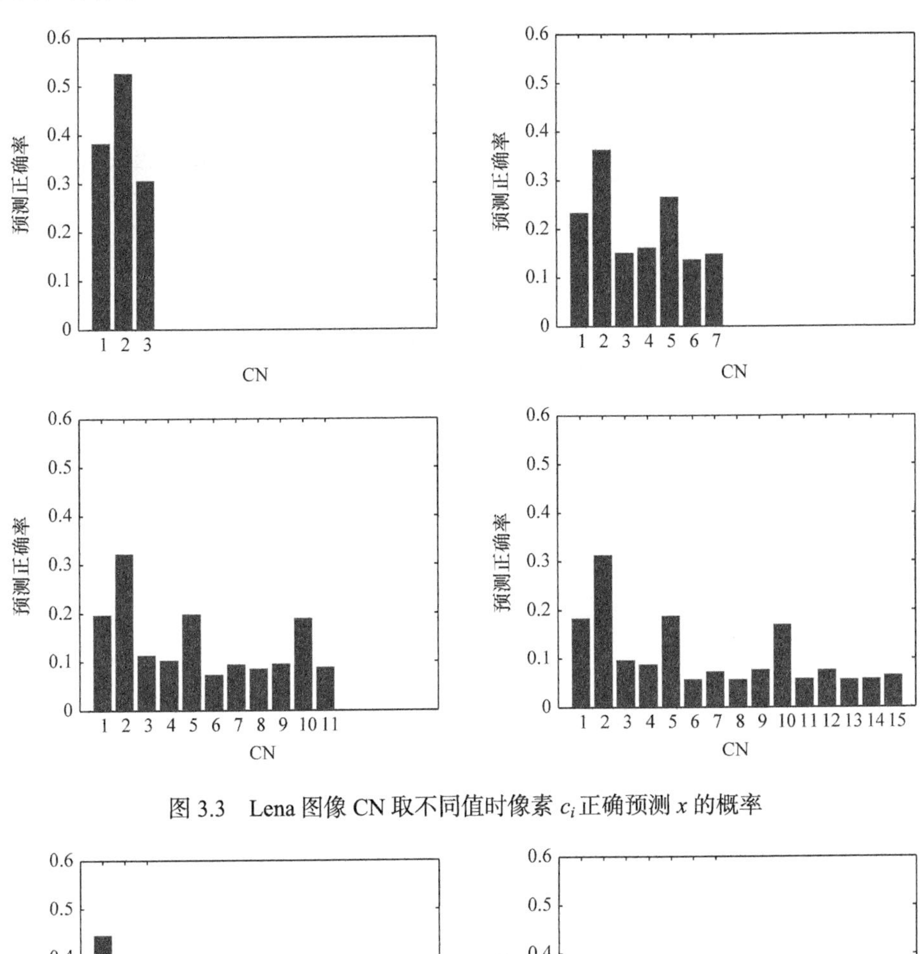

图 3.3　Lena 图像 CN 取不同值时像素 c_i 正确预测 x 的概率

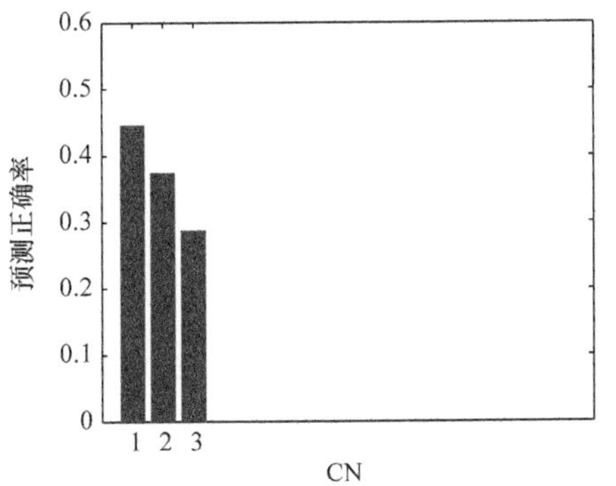

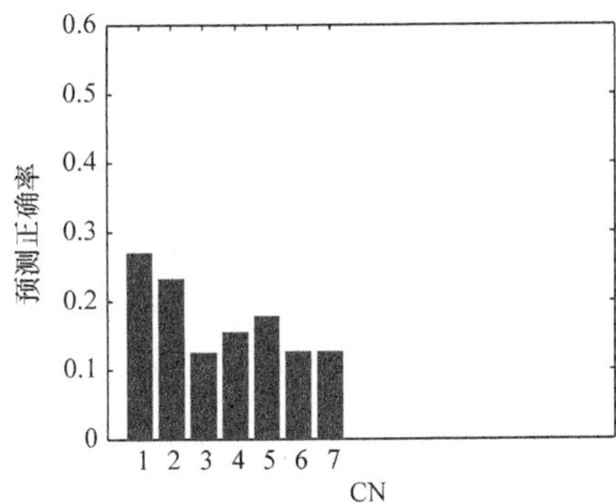

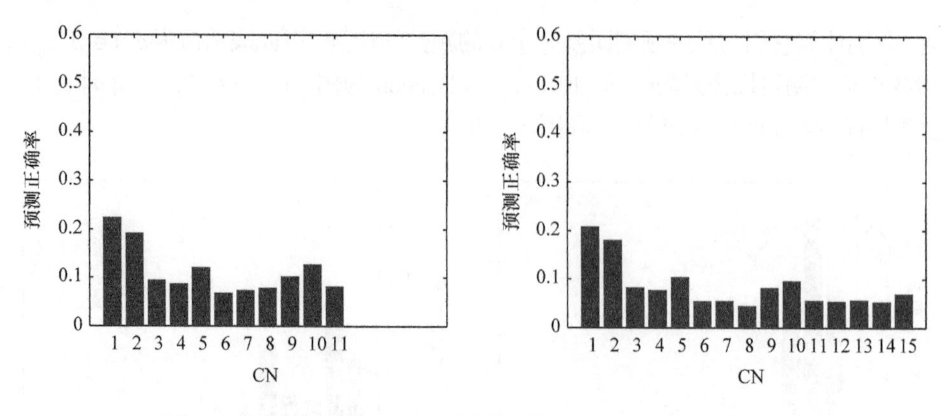

图 3.4　Baboon 图像 CN 取不同值时像素 c_i 正确预测 x 的概率

由图可知，像素 c_1 和 c_2 正确预测目标像素 x 的概率最大；随着 i 的增大，c_i 正确预测目标像素 x 的概率逐渐降低，即与目标像素的距离越远，其正确预测 x 的概率越小。

在 Lena 图像中，像素 c_1 和 c_2 与 x 直接相连，它们与 x 的相关性最大。但是，c_2 对应的概率明显比 c_1 大很多。同时，c_5 和 c_{10} 正确预测目标像素的概率也比较大。这有可能是 Lena 图像的纹理是垂直方向(或者更接近垂直方向)造成的。在 Baboon 图像中，c_1 和 c_2 正确预测 x 的概率接近，且随着 i 的增大，正确预测概率逐渐变小。

3.1.2　上下文像素集合重构

通过上节分析，C 中不同像素对 x 的预测正确程度不同，与 x 距离越近，预测正确程度越高。据此，重构 x 的上下文像素集合 $\text{vector}=\{p_1,p_2,\cdots,p_{15}\}$，我们提出一种新的 PPVO 算法。

使用 vector 的最大值或者最小值作为 x 的预测值 $\hat{x}$，即

$$\hat{x}=\begin{cases}\max(\text{vector}), & x\geqslant\max(\text{vector})\\ \min(\text{vector}), & x\leqslant\min(\text{vector})\\ \text{skip}, & \text{其他}\end{cases}\tag{3.1}$$

在提出的算法中，如果 max(vector) 与 min(vector) 相等，按照条件 $x\geqslant\max(\text{vector})$ 进行处理。目标像素 x 及其邻域像素如图 3.5 所示。

相应的预测误差 $\text{pe}=x-\hat{x}$。假设 $m\in\{0,1\}$ 是待嵌入的秘密比特位，则一次嵌入操作后 pe 被修改为

$$pe' = \begin{cases} \begin{cases} pe+m, & pe = 0 \\ pe+1, & pe > 0 \end{cases}, & x \geqslant \max(\text{vector}) \\ \begin{cases} pe+1, & pe > 0 \\ pe-1, & pe < 0 \end{cases}, & x \leqslant \min(\text{vector}) \end{cases} \tag{3.2}$$

	p_1		p_9	
p_2	x	p_4	p_7	p_{15}
p_5	p_3	p_6	p_{12}	
p_{10}	p_8	p_{11}	p_{13}	
	p_{14}			

图 3.5　目标像素 x 及其邻域像素

最终可得载密像素 $\tilde{x}$，即

$$\tilde{x} = x + \begin{cases} \max(\text{vector}) + m, & x = \max(\text{vector}) \\ \max(\text{vector}) + 1, & x > \max(\text{vector}) \\ \min(\text{vector}) - m, & x = \min(\text{vector}) \\ \min(\text{vector}) - 1, & x < \min(\text{vector}) \end{cases} \tag{3.3}$$

在嵌入信息前后，目标像素 x 与 vector 的大小关系没有发生变化，满足算法可逆性要求。在提取端，构造与嵌入相同的 vector，对载密像素 $\tilde{x}$ 实施与嵌入过程相反的操作。根据式(3.4)和式(3.5)提取秘密信息 m，恢复原始载体像素 x，即

$$m = \begin{cases} 0, & x = \max(\text{vector}) \text{或} x = \min(\text{vector}) \\ 1, & x = \max(\text{vector}) + 1 \text{ 或 } x = \min(\text{vector}) - 1 \end{cases} \tag{3.4}$$

$$x = \begin{cases} \tilde{x}, & \min(\text{vector}) \leqslant x \leqslant \max(\text{vector}) \\ \tilde{x} - 1, & x > \max(\text{vector}) \\ \tilde{x} + 1, & x < \min(\text{vector}) \end{cases} \tag{3.5}$$

3.1.3　嵌入过程

本书的主要贡献是构造一个更合理的上下文像素集合，信息嵌入过程与 PPVO 算法一致。这里简单给出嵌入流程，详细内容请参考文献[150]。

在嵌入方式上，采取双层嵌入策略，将载体图像按照棋盘格的形式分为阴影区像素和空白区像素。嵌入操作首先在阴影区进行，当第一层嵌入结束后转入第二层继续嵌入，直至所有信息嵌入。

在嵌入信息时，采用与 Qu 等相同的像素复杂度衡量方法，即

$$\text{noise} = \max(\text{vector}) - \min(\text{vector}) \tag{3.6}$$

当 noise 小于设定的阈值 T 时，嵌入信息；否则，跳过该像素。

嵌入过程描述如下。

Step1：构造 LM。如果像素 x_i 的值等于 0 或者 255，将其修改为 1 或者 254，同时将 LM(i)置 1；否则，像素值保持不变，将 LM(i)置 0。LM 构造完毕之后，使用算术编码对其进行无损压缩以减小它的长度，压缩后的 LM 用 CLM 表示，其长度用 l_{CLM} 表示。

Step2：嵌入秘密信息。首先计算载体像素 x_i 的复杂度 noise，如果小于阈值 T，则进行嵌入操作；否则，跳过该像素。当所有秘密信息嵌入完毕后，记录最后一个像素的位置 k_{end}。

Step3：嵌入辅助信息。嵌入辅助信息的目的是使算法能够实现盲提取。假设辅助信息和压缩后的 LM 组成的比特流的长度 $s = 12+2\lceil \log_2(w\times h)\rceil + l_{\text{CLM}}$，它们直接替换载体图像最后一行前 s 个载体像素的 LSB。这些原始的 LSB 组成长度为 s 的比特流 S_{LSB}，嵌入从 $k_{\text{end}}+1$ 开始的载体图像的剩余部分。辅助信息包括上下文像素的数量 CN(4bit)、复杂度阈值 T(8bit)、压缩后的 CLM 的长度 l_{CLM}($\lceil \log_2(w\times h)\rceil$ bit)、最后一个嵌入像素的位置 k_{end}($\lceil \log_2(w\times h)\rceil$ bit)。

上下文像素的数量 CN 根据嵌入负载择优选择，像素复杂度阈值 T 为刚好能满足嵌入负载的最小值。

3.1.4　提取过程

在提取阶段，扫描顺序与嵌入时相反。当第二层信息提取完成后，再对第一层进行提取，直到第一个像素处理完毕。

提取过程如下。

Step1：读取载密图像最后一行前 $12+2\lceil \log_2(w\times h)\rceil$ 个像素的 LSB，得到上下文像素的数量 CN、复杂度阈值 T、最后一个嵌入像素的位置 k_{end}、压缩后的 CLM 的长度 l_{CLM}。继续读取 l_{CLM} 个像素的 LSB，得到压缩后的 CLM。解压缩 CLM 获得原始 LM。

Step2：从第 $k_{\text{end}}+s$ 个载密像素开始，按照与嵌入时相反的顺序和操作提取秘密信息、恢复载体像素值。第一个像素被处理完毕，将提取的比特流倒置，前 k_{end} bit 就是嵌入的秘密信息，第 $k_{\text{end}}+1 \sim k_{\text{end}}+s$ bit 是长度为 s 的比特流 S_{LSB}。

Step3：使用 S_{LSB} 替换最后一行前 s 个像素的 LSB。检查恢复的原始图像，如果有像素值等于 1 或者 254，其对应的 LM 值为 1，则将该像素值修改为 0 或者 255。最终，原始载体图像被完全恢复。

3.2 实验分析

本节对本书算法的性能进行检验。对比算法有 Li 等[143]的 PVO 算法、Peng 等[185]改进的 PVO(IPVO)算法，以及 Qu 等[150]的 PPVO 算法。

测试图像是大小为 512×512 像素的 8bit 灰度图像(图 3.6)，分别是 Airplane、Baboon、Barbara、Lena、Peppers、Sailboat。除了 Barbara，其余图像均来自 USC-SIPI 图像数据库[191]。所有实验在 MATLAB 2016b 上运行，嵌入的秘密信息流由随机函数生成。

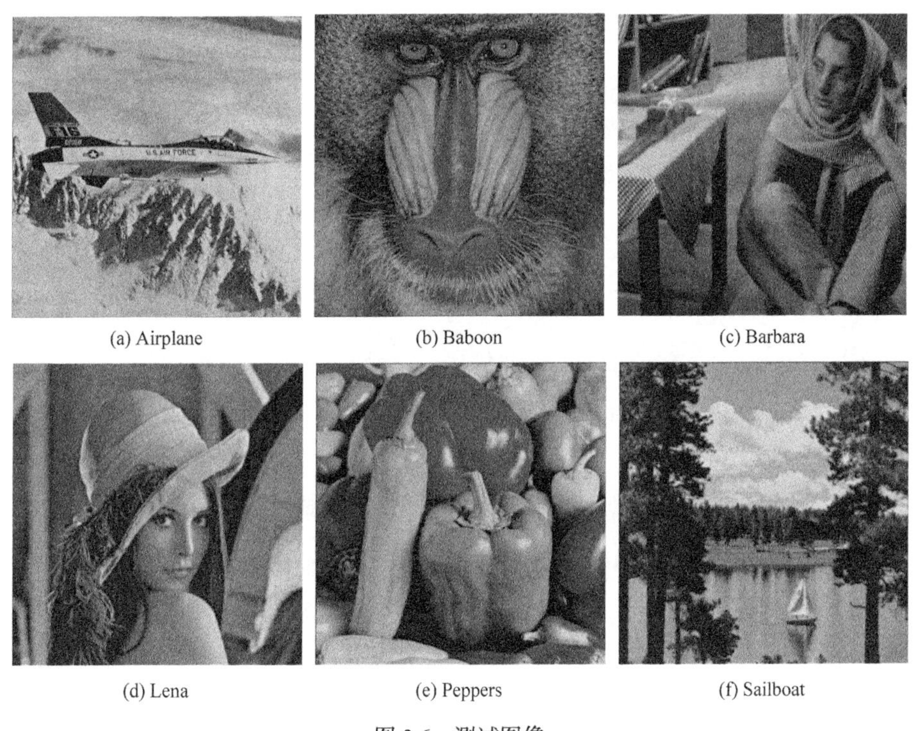

(a) Airplane　(b) Baboon　(c) Barbara

(d) Lena　(e) Peppers　(f) Sailboat

图 3.6　测试图像

本书算法是在 Qu 等工作的基础上对其进行扩展的，主要区别是本书算法重新构造了目标像素 x 的上下文像素集合 vector。为了检验这种做法是否有效，本书算法与 PPVO 算法使用相同数量的上下文像素，计算不同负载下的图像质量(PSNR)。载体图像选择 Lena 图像，以 $\mathrm{CN}\in\{3,7,11,15\}$ 为例。CN 相同时本书算法与 PPVO 的图像质量对比如图 3.7 所示。

从图 3.7 中可以看到，在使用相同的参数 CN 后，本书算法的图像质量优于 PPVO 算法。这说明重构上下文像素集合 vector，使 vector 中的像素与目标像素 x

的距离更近，可以提高预测准确程度，改善图像质量(PSNR)。

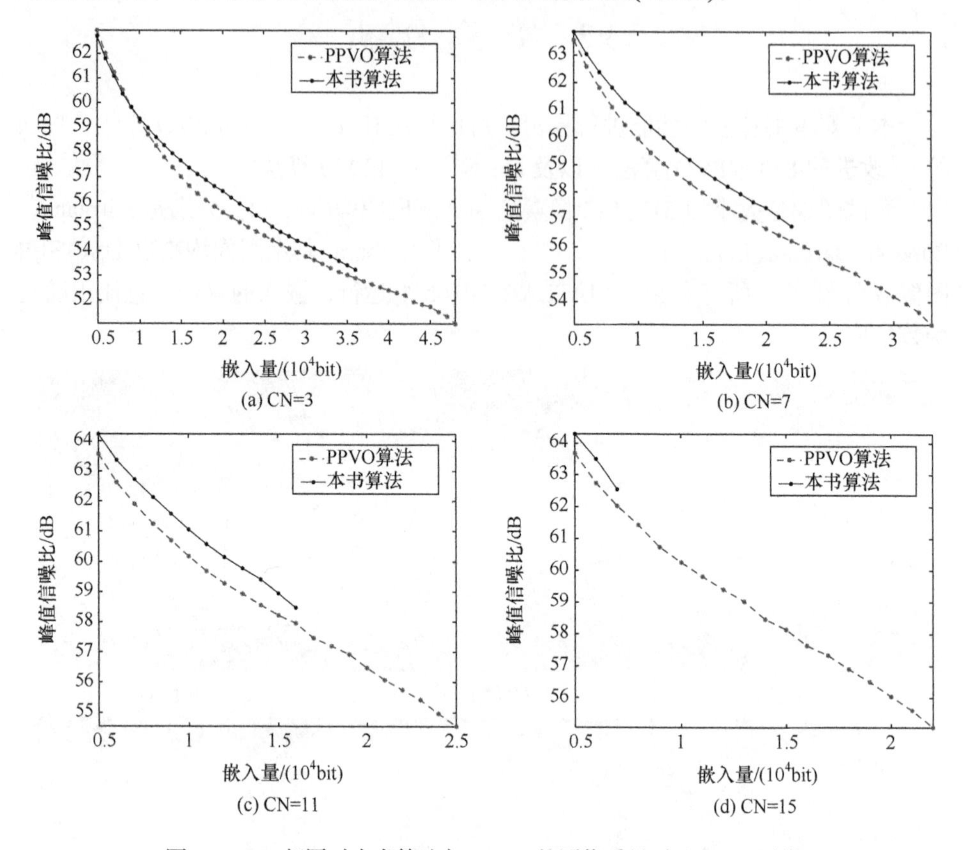

图 3.7　CN 相同时本书算法与 PPVO 的图像质量对比(Lena 图像)

另外，图 3.7 也反映出使用数量相同的上下文像素后，图像的最大嵌入容量不如原始 PPVO 算法，且随着 CN 的增大，这种变化有加强的趋势。这种情况很可能是在重构上下文像素集合时存在某些不合理因素造成的。这值得深入研究。

需要说明的是，每个参数 CN 对应一个嵌入容量，最大值为算法的嵌入容量。

为了进一步检验本书算法的性能，嵌入负载从 5000bit 开始，以 1000bit 为步长，逐渐增加到最大嵌入容量，计算本书算法和对比算法的图像质量(图 3.8)。在实验中，Li 等和 Peng 等算法的载体图像分块大小 $n_1, n_2 \in \{2,3,4,5,6\}$ ，Qu 等和本书算法的上下文像素数量 $\mathrm{CN} \in \{1,2,\cdots,15\}$ ，所有算法的复杂度阈值 $T \in \{1,2,\cdots,255\}$ 。穷尽计算所有参数可能的取值，将得到的最优 PSNR 作为算法当前负载下的图像质量(PSNR)。

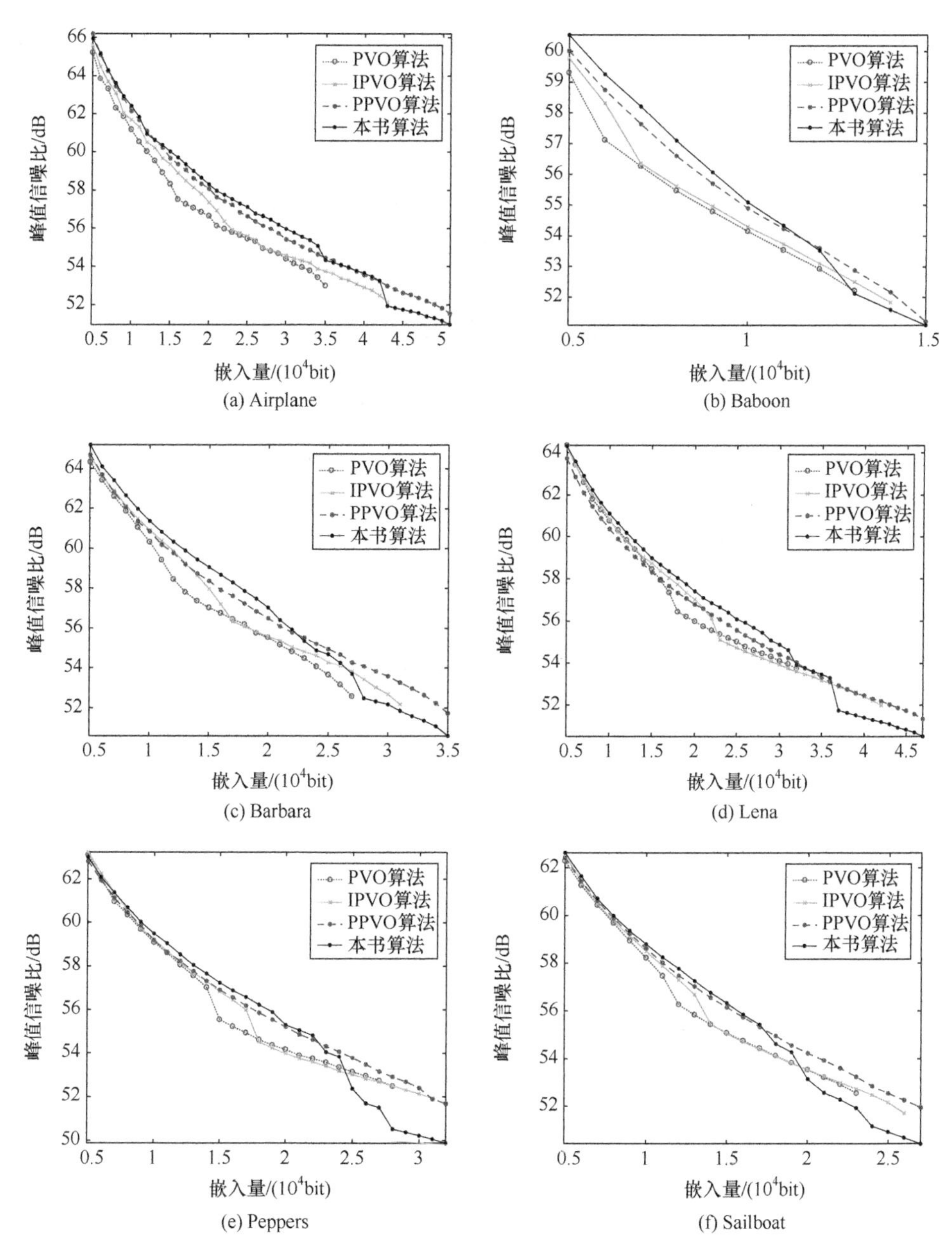

(a) Airplane

(b) Baboon

(c) Barbara

(d) Lena

(e) Peppers

(f) Sailboat

图 3.8　本书算法与 Li 等、Peng 等、Qu 等算法性能对比

在最大嵌入容量方面，本书算法和 PPVO 算法获得了最大嵌入容量，IPVO 算法次之，PVO 算法嵌入容量最小。PVO 算法和 IPVO 算法对载体像素分块后嵌入秘密信息，每个分块最多嵌入两个秘密比特，限制了嵌入容量。本书算法和 PPVO 算法不使用分块，每个像素都有可能嵌入信息，可以获得更大的嵌入容量。

在 PPVO 算法中，参数 CN 等于 2 时通常得到算法的最大嵌入容量。此时，本书算法与 PPVO 算法有相同的上下文像素集合,因此它们具有相同的最大嵌入容量。

在图像质量方面，本书算法的图像质量(PSNR)在多数情况下是最好的，尤其是嵌入负载较小时。以嵌入负载为 10000bit 为例(表 3.1)，本书算法、PVO 算法、IPVO 算法、PPVO 算法的 PSNR 平均值分别是 59.7049dB、58.9498dB、59.2407dB、59.3400dB，分别提高 0.7551dB、0.4642dB、0.3649dB。当嵌入负载为 20000bit 时(表 3.2),这 4 种算法的 PSNR 平均值分别是 56.2360dB、55.1785dB、55.5042dB、56.1641dB，分别提高 1.0575dB、0.7318dB、0.0719dB。显然，本书算法可以获得更好的图像质量。

总的来说，本书算法对目标像素上下文的重构是有效的，但仍然有不足的地方。当嵌入负载相当大的时候，与对比算法相比，本书算法的图像质量退化严重。这很可能是重构上下文像素集合时存在不合理因素造成的,需要进一步研究解决。

在实际嵌入过程中,总的嵌入信息量等于秘密信息、辅助信息和压缩后的 LM 信息之和。表 3.3 给出了本书算法在嵌入负载为 10000bit 时的相关参数，包括上下文像素的数量 CN、复杂度阈值 T、辅助信息占用的位数 l_{AI}，以及压缩后的 l_{CLM}。

表 3.1　嵌入负载为 10000bit 时本书算法与对比算法的 PSNR　　(单位：dB)

项目	PVO 算法	IPVO 算法	PPVO 算法	本书算法
Airplane	61.1691	61.6926	62.1438	62.4039
Baboon	54.1505	54.3002	54.8982	55.0885
Barbara	60.3162	60.9165	60.8462	61.3579
Lena	60.7610	60.8203	60.3650	61.1055
Peppers	59.0814	59.2195	59.1771	59.4843
Sailboat	58.2209	58.4951	58.6094	58.7894
均值	58.9498	59.2407	59.3400	59.7049

表 3.2　嵌入负载为 20000bit 时本书算法与对比算法的 PSNR　　(单位：dB)

项目	PVO 算法	IPVO 算法	PPVO 算法	本书算法
Airplane	56.6491	57.3642	58.0780	58.2998
Baboon	—	—	—	—
Barbara	55.5291	55.5926	56.5029	57.0218
Lena	55.9908	57.0353	56.7896	57.4092
Peppers	54.1801	53.9834	55.2159	55.2975
Sailboat	53.5433	53.5455	54.2342	53.1518
均值	55.1785	55.5042	56.1641	56.2360

表 3.3　嵌入负载为 10000bit 时本书算法的相关参数

项目	CN	T	l_{AI}/bit	l_{CLM}/bit
Airplane	8	4	48	20
Baboon	3	20	48	20
Barbara	10	12	48	20
Lena	13	9	48	20
Peppers	10	12	48	73
Sailboat	9	17	48	20

LM 中绝大多数比特位等于 0，只有少数比特位等于 1。其长度经过无损压缩之后显著变小。本书使用了算术编码压缩，压缩后的 LM 最小长度为 20bit，最大为 73bit。与嵌入负载相比，算法的性能影响有限。实验使用的测试图像发生溢出的像素比较少，因此压缩后的 LM 也比较小。如果某幅图像发生溢出问题的像素数目较多，LM 的长度会显著增加，此时会严重影响算法的性能。

3.3　本 章 小 结

PEE 使用更多的相邻像素，提高了 RDH 算法的性能。然而，在基于 PEE 的算法中，很少有研究者考虑目标像素与其相邻像素之间的相关性。本书研究目标像素与其相邻像素之间的相关系，提出一种改进的 PPVO 的 RDH 算法。通过使用与目标像素相关性更强的像素重构上下文像素，可以改善预测器的准确度，提高算法的性能。实验结果表明，本章算法具有更好的图像质量。

实验证明，构造一个与目标像素具有更强相关性的像素集合是另一种提高算法性能的途径，具有重要意义。

第 4 章 基于多值预测模型的高性能可逆信息隐藏算法

PEE 可以充分利用自然图像中相邻像素之间具有较强相关性的特性，提高算法的性能，因此受到研究人员的广泛关注[142,158]。基于 PEE 的 RDH 算法一般包括两个步骤，即构造 PEH 和根据嵌入规则修改直方图[73]。为提高预测器的预测准确性，构造一个分布更尖锐的 PEH，可以有效提高算法的性能[112,118,186,205]。因此，研究者在提高预测器性能方面做了大量研究，提出了许多算法[122,127,128,132,143-145,147,148,183,186,206-209]。

为了进一步提高算法性能，本章提出多值预测模型(multiple values predicting model，MVPM)。其核心思想是构造一个与目标像素高度相关的预测元素组，使用该元素组对目标像素进行预测，然后使用 PEE 技术嵌入信息。元素组由目标像素的邻居像素值或者通过某种预测方法得到的预测值构成。在构造预测元素组时，使用信息熵评价候选元素与目标像素的相关性，优先选择信息熵较小的元素加入元素组。

结合多值预测模型，本章提出一种基于多值预测模型的高性能 RDH 算法。

4.1 传统的 PEE 预测模型

4.1.1 基于 PEE 的预测模型

目前，RDH 算法主要包括 DE[90,96]、HS[104,107]、PEE[116,126,131,134]，以及多种技术相结合的 RDH 算法[112,122,132,143,210]。PEE 技术可以充分利用较多的邻域像素，发掘自然图像中的冗余，获得更好的性能，是当前 RDH 算法研究的热点。

在基于 PEE 的 RDH 中，算法的性能与预测器的预测准确度有很大的关系。预测器的预测准确度越高，生成的 PEH 就越尖锐，算法的性能就越好[145,211]。使用性能优异的预测器可以生成更尖锐的 PEH，从而提高算法的嵌入容量和图像质量。预测器的预测准确度对算法的性能至关重要，是提高 PEE 算法性能的一个重要改进方向[186,212-216]。

在基于 PEE 的 RDH 算法中，目标像素 x 的预测值 $\hat{x}$ 可以是它的某个邻域像素的值，也可以是它的若干个邻域像素值通过某种预测方法得到的值。根据式(4.1)计算 x 的预测误差 e，遍历整个载体图像即可得到 PEH，即

$$e = x - \hat{x} \tag{4.1}$$

从以上过程可以看到，预测过程中只有一个预测值参与其中，其预测准确程度关系到整个算法的性能。

4.1.2　PEE 预测器性能分析

自然图像虽然在宏观上表现出一种局部相似的特性，但是具体到像素点，存在许多相邻像素不相关的情形。PEE 预测过程只有一个值参与其中，在某些特定条件下可能预测不正确。从这种意义上说，传统的预测模型存在不可靠的缺点，会对算法的性能造成一定的影响。

菱形预测是一种预测准确度较高的方法，被许多 PEE 算法作为预测器。本书以菱形预测为例，说明 PEE 算法中预测器可能失效的情形。

在菱形预测中，目标像素 x 及其邻域像素如图 4.1 所示。x 的预测值可根据式(4.2)计算得到，即

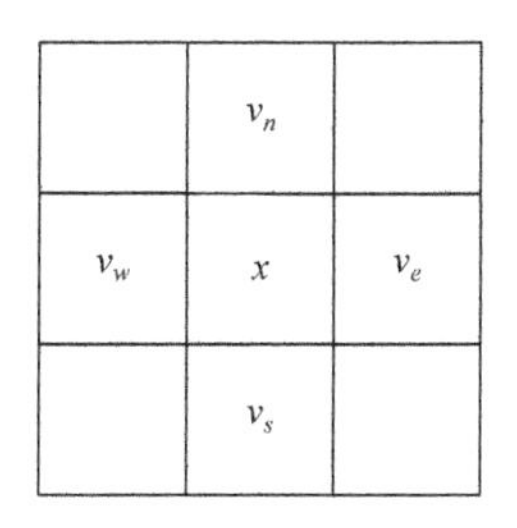

图 4.1　菱形预测中目标像素 x 及其邻域像素

$$\hat{x} = \left\lfloor \frac{v_n + v_s + v_w + v_e}{4} \right\rfloor \tag{4.2}$$

观察式(4.2)，可以得到 x 与它的 4 个相邻像素值满足以下条件，即

$$\min(v) \leqslant \hat{x} \leqslant \max(v) \tag{4.3}$$

其中，$v = \{v_n, v_s, v_w, v_e\}$，是 x 个邻域像素的集合。

在 PEE 预测过程中，根据 $\mathrm{pe} = x - \hat{x}$ 计算 x 的预测误差。结合式(4.2)和式(4.3)可知，当 x 与 v 的大小关系满足式(4.4)时，$\mathrm{pe} \neq 0$，此时预测器不能正确预测 x，即

$$\begin{cases} x > \max(v) \\ x < \min(v) \end{cases} \tag{4.4}$$

以 Lena 图像为例，满足式(4.4)条件的载体像素数量约占总的载体像素数量的 17.40%。也就是说，高达 17.40%的载体像素不能被正确预测。

在菱形预测中，可能存在 x 与 v 的最大值或者最小值相等的情况，如式(4.5)。

在 Lena 图像中，满足该条件的载体像素数量约占总的载体像素数量的 14.25%。根据式(4.3)可知，如果 x 与 v 的大小关系满足式(4.5)，预测器可能预测正确，也可能预测不正确。经过实际算法程序验证，x 与 v 的大小关系满足式(4.5)时，只有 1.58%的载体像素能被正确预测，高达 98.42%的像素不能被正确预测，即

$$\begin{cases} x = \max(v) \\ x = \min(v) \end{cases} \tag{4.5}$$

结合式(4.4)和式(4.5)，可以计算得到菱形预测器的失效率($pe \neq 0$)约为 $17.40\%+14.25\% \times 98.42\% \approx 31.42\%$。

提高 RDH 算法性能的思路有两种，要么提高预测器的准确性，要么降低预测器的失效率。从菱形预测失效率的实验数据可知，降低失效率有较大空间。本节通过设计一种简单但有效的方法来说明本书提出的多值预测模型的优势。

由于相邻像素具有较强的相关性，可使用 x 的相邻像素作为一种非常简单的预测器来预测目标像素。当 x 与 v 满足式(4.5)时，载体像素放弃使用菱形预测，而使用 x 的右邻像素值 v_e 作为它的预测值。经过计算，此时预测准确率约为 32.03%，预测准确率显著提升(菱形预测为 1.58%)。

通过以上分析可以得出这样的结论，使用多个预测器对目标像素进行预测，可以显著提高预测的准确性，进而提高算法的性能。为此，本书提出一种多值预测模型，并基于此模型设计了一种性能良好的可逆信息方案。

4.2 多值预测模型

4.2.1 多值预测模型介绍

为了增强预测器的性能、提高预测的准确性，本书从提高预测器的可靠性方面出发，提出多值预测模型。传统的 PEE 预测模型使用一个预测元素来预测目标像素。为了便于与本书提出的多值预测模型区分，这种在预测过程中只有一个预测元素参与的模型可称为单值预测模型。预测过程中有多个预测元素($k \geqslant 2$)参与的预测模型可称为多值预测模型。

在多值预测模型中，首先构造目标像素 x 的预测元素组 v。它由目标像素的邻居像素值或者通过某种预测方法得到的预测值构成。在构造 v 时，任何预测器都可以用来预测目标像素，可以是 x 的某个邻域像素值，也可以是 x 的若干个邻域像素值通过某种方法计算得到的值。如果计算得到的值不是整数，则需要对其取整。元素组 v 和它的元素的一般表达形式为

$$v = \{v_1, v_2, v_3, \cdots\} \tag{4.6}$$

其中，$v_1 = \text{predictor1}(\ ); v_2 = \text{predictor2}(\ ); v_3 = \text{predictor3}(\ )$。

预测元素组 v 一旦创建后，元素之间的次序是固定的。元素组 v 的最小长度等于 2(等于 1 时为单值预测模型)，最大长度理论上无限制。实际上，随着 v 的长度的增加，嵌入容量会逐步减小。关于 v 的元素选择、次序和长度问题，下一节详细讨论说明。

在嵌入信息的过程中，载体像素的值可能发生变化。为了保证算法的可逆性，要求 x 与预测元素组 v 中元素的大小关系满足下列条件之一。

① condition1: $x \geqslant \max(v)$。

② condition2: $x \leqslant \min(v)$。

只有满足条件的载体像素才会被嵌入信息，否则就被忽略。

下面对这两种情况分别进行讨论。首先讨论 condition1 时的情况。

当 $x \geqslant \max(v)$ 时，使用预测元素组 v 的最大值预测目标像素 x，即 $\hat{x} = \max(v)$。相应地，预测误差 $E_{\max}$ 根据式(4.7)计算得到，即

$$E_{\max} = x - \max(v) \tag{4.7}$$

遍历整个载体图像，统计不同预测误差出现的次数，满足 condition1 情况下的 x 的 PEH 便构建起来了。

预测误差的大小决定载体像素用来嵌入信息，还是平移腾出嵌入信息所需要的空间，其具体修改方式为

$$\tilde{E}_{\max} = \begin{cases} E_{\max} + m, & E_{\max} = 0 \\ E_{\max} + 1, & E_{\max} > 0 \end{cases} \tag{4.8}$$

其中，$m \in \{0,1\}$ 是 1bit 待嵌入秘密信息。

根据式(4.9)对目标像素 x 进行修改，得到的载密像素 $\tilde{x}$ 为

$$\tilde{x} = \max(v) + \tilde{E}_{\max} = \begin{cases} x + m, & E_{\max} = 0 \\ x + 1, & E_{\max} > 0 \end{cases} \tag{4.9}$$

当 x 被扩展用来嵌入秘密信息，或者平移腾出嵌入秘密信息所需要的空间时，载密像素 $\tilde{x}$ 与 x 的预测值 $\max(v)$ 之间仍然满足 $\tilde{x} \geqslant \max(v)$。也就是说，嵌入一位秘密信息后没有改变载体像素值与其预测值之间的大小关系，满足 RDH 算法的可逆性要求。因此，在提取端构造与嵌入信息时，相同的预测元素组 v 使用与嵌入信息相反的操作就可以方便地提取秘密信息，恢复原始载体像素值。

对于一个给定的载密像素 $\tilde{x}$，根据式(4.10)计算它的预测误差，即

$$\tilde{E}_{\max} = \tilde{x} - \max(v) \tag{4.10}$$

然后，根据式(4.11)和式(4.12)提取秘密信息 m，恢复原始载体像素 x，即

$$m = \begin{cases} 0, & \tilde{E}_{\max} = 0 \\ 1, & \tilde{E}_{\max} = 1 \end{cases} \tag{4.11}$$

$$x=\begin{cases}\tilde{x}, & \tilde{E}_{\max}=0\\ \tilde{x}-1, & \tilde{E}_{\max}>0\end{cases} \tag{4.12}$$

下面讨论 condition2 时的情况。

当 $x \leqslant \min(v)$ 时，信息嵌入过程与 $x \geqslant \max(v)$ 时类似。使用预测元素组 v 的最小值预测目标像素 x，即 $\hat{x}=\min(v)$。预测误差 $E_{\min}$ 为

$$E_{\min}=x-\min(v) \tag{4.13}$$

遍历整个载体图像，统计不同预测误差出现的次数，构建 condition2 情形下的 PEH。实际上，构建 PEH 只需要遍历载体图像一次，对不同情形区分统计即可。

根据式(4.14)对预测误差进行修改，即

$$\tilde{E}_{\min}=\begin{cases}E_{\min}-m, & E_{\min}=0\\ E_{\min}-1, & E_{\min}<0\end{cases} \tag{4.14}$$

其中，$m\in\{0,1\}$ 为待嵌入秘密信息。

相应地，根据式(4.15)对目标像素 x 进行修改，得到的载密像素 $\tilde{x}$ 为

$$\tilde{x}=\min(v)+\tilde{E}_{\min}=\begin{cases}x-m, & E_{\min}=0\\ x-1, & E_{\min}<0\end{cases} \tag{4.15}$$

修改后的预测误差 $\tilde{E}_{\min}$ 与 $\min(v)$ 大小关系没有发生变化，因此对于载密像素 $\tilde{x}$ 和已经构造好的预测元素组 v，首先计算其预测误差 $\tilde{E}_{\min}=x-\min(v)$，然后分别根据式(4.16)和式(4.17)提取秘密信息 m，恢复原始像素 x，即

$$m=\begin{cases}0, & \tilde{E}_{\min}=0\\ 1, & \tilde{E}_{\min}=-1\end{cases} \tag{4.16}$$

$$x=\begin{cases}\tilde{x}, & \tilde{E}_{\min}=0\\ \tilde{x}+1, & \tilde{E}_{\min}<0\end{cases} \tag{4.17}$$

在基于多值预测模型的 RDH 算法中，存在同时满足 condition1 和 condition2 的情况，即

$$\max(v)=\min(v)\text{和}x=\max(v) \tag{4.18}$$

此时，将其归类为 condition1 进行处理。

许多基于单值预测模型的预测器为了获得更高的预测准确性，使用较多目标像素的邻域像素。根据多值预测模型的方法，可以将这类单值预测器改造为多值预测器。为了进一步说明提出模型的优势，以菱形预测为例，使用它的 4 个相邻像素，构造 3 个不同的基于多值模型的预测器，并对它们的预测性能进行对比。

菱形预测[122,158]使用目标像素 x 四周的相邻像素(图 4.1)，根据式(4.2)计算预测值。菱形预测的预测准确性比较高，因此被许多 RDH 算法使用。

使用 x 的 4 个相邻像素构造的 3 个多值预测器分别记为 MVPM1、MVPM2 和 MVPM3，即

$$\begin{aligned}&\text{MVPM1}=\{v_e,v_s\}\\&\text{MVPM2}=\{v_e,v_s,v_w,v_n\}\\&\text{MVPM3}=\{\text{round}((v_e+v_w)/2),\text{round}((v_n+v_s)/2)\}\end{aligned}\tag{4.19}$$

PEH 的尖锐程度可以直观地反映预测器的性能，越尖锐表示预测误差等于 0 的值越多，进而表示预测准确度越高。以 Lena 和 Baboon 图像为例，我们绘制了菱形预测器和构造的 3 个多值预测器的 PEH，如图 4.2 和图 4.3 所示。由图可知，无论尖锐程度还是预测误差等于 0 的数量，提出的模型构造的预测器的性能都要优于菱形预测器。当图像纹理比较复杂时(Baboon 图像)，这种优势更加显著。

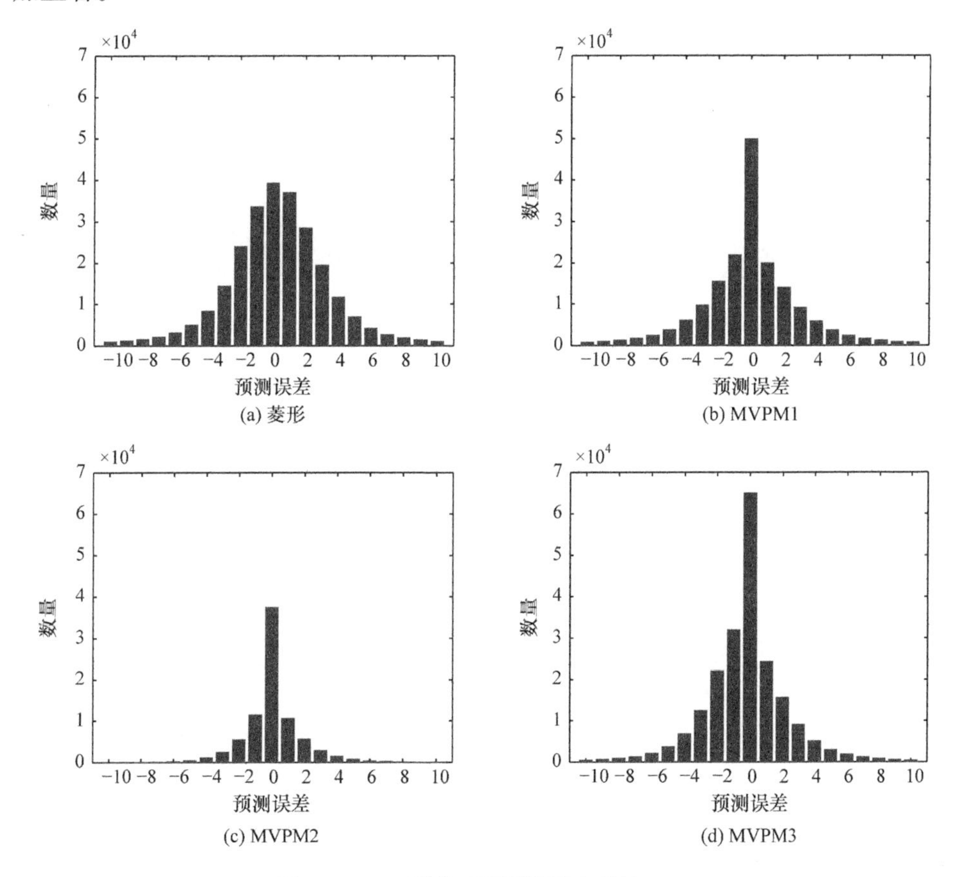

图 4.2　Lena 图像不同预测器生成的 PEH

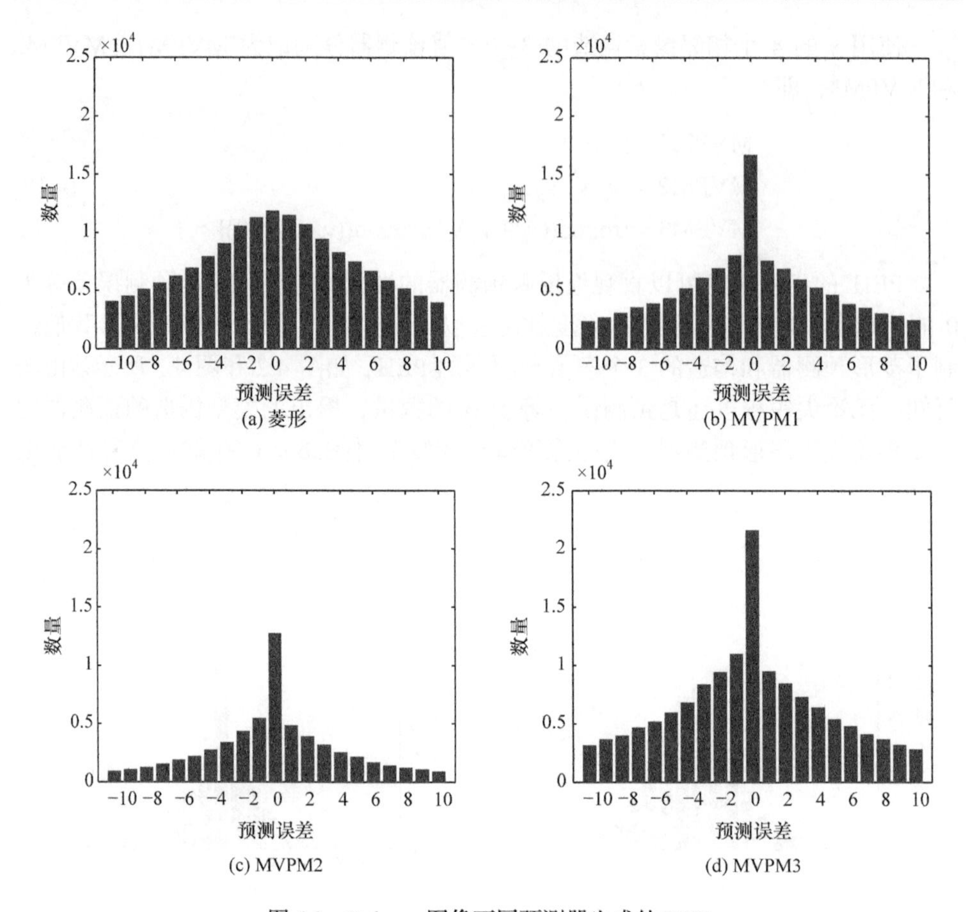

图 4.3 Baboon 图像不同预测器生成的 PEH

从图 4.2(c)和图 4.3(c)可以看到，MVPM2 产生的预测误差等于 0 的数量略少。产生该现象的原因是预测器元素比较多、预测器长度较长，在预测过程中有相当一部分载体像素被忽略，使预测误差值为 0 的像素数量明显减少。

PEH 从视觉的、主观的角度展现模型的优越性。下面从数学的、客观的标准评价提出模型与传统单值模型之间的优劣性。香农用信息熵描述信源的不确定度，系统越混乱，信息熵就越高；反之，系统越稳定，信息熵就越小。

本书采用这一概念作为评价预测器性能的标准，信息熵越小则说 PEH 越尖锐，预测器确度越高。信息熵根据式(4.20)计算得到，即

$$E = -\sum_{e} p(e) \ln p(e) \tag{4.20}$$

其中，$p(e)$为预测误差 e 的概率。

菱形预测器和根据提出模型构造的预测器在不同测试图像上的 PEH 的信息

熵如表 4.1 所示。从表中可以看到，与菱形预测器相比，预测器 PEH 的信息熵要小很多。构造的 3 个多值预测器与对比预测器的平均熵值比分别为 0.7432、0.3741 和 0.7715，说明提出的多值模型是有效的，基于多值预测模型构造的预测器具有更高的预测准确性。

表 4.1　PEH 的信息熵

项目	Rhombus	MVPM1	MVPM2	MVPM3	E_1/ER$_h$	E_2/ER$_h$	E_3/ER$_h$
Aerial	3.4189	2.3897	0.8559	2.4633	0.6990	0.2503	0.7205
Baboon	4.1650	2.8473	1.3330	3.0514	0.6836	0.3200	0.7326
Barbara	3.5396	2.6009	1.1439	2.7062	0.7348	0.32312	0.7645
Boat	3.3299	2.4330	1.2102	2.4518	0.7307	0.3634	0.7363
Elaine	3.3920	2.6197	1.5946	2.7873	0.7723	0.4701	0.8217
Lena	2.7038	2.1474	0.9608	2.0906	0.7942	0.3554	0.7732
Peppers	3.1778	2.5047	1.5555	2.6266	0.7882	0.4895	0.8265
Sailboat	3.4668	2.5763	1.4595	2.7605	0.7431	0.4210	0.7963
均值	3.3992	2.5149	1.2642	2.6172	0.7432	0.3741	0.7715

注：E_1/ER$_h$、E_2/ER$_h$ 和 E_3/ER$_h$ 分别表示 MVPM1、MVPM2 和 MVPM3 与 Rhombus 预测器的信息熵的比值。

4.2.2　构造预测元素组的原则

多值预测器的预测元素组由多个不同的单值预测器构成，单个预测器性能的提升有助于提高整个预测器的性能。在构造多值预测器时，预测元素组应该优先选择预测准确性较高的预测器。信息熵可以非常客观地表示 PEH 的尖锐程度，信息熵越小表示预测误差越集中，预测准确性越高。在构造多值预测器时，以信息熵作为参考标准，优先将信息熵较小的预测器加入预测元素集合。

由于自然图像相邻像素之间具有相关性的属性，目标像素的邻居像素可以认为是一种特殊的单值预测器。任何一个单值预测器都可以作为多值预测器的候选项，候选预测器集合应该尽可能多地包含预测准确性较高的预测器。目标像素 x 及其邻域像素如图 4.4 所示。

p_7	p_4	p_8	p_9
p_3	x	p_1	p_{10}
p_6	p_2	p_5	p_{11}
p_{12}	p_{13}	p_{14}	p_{15}

图 4.4　目标像素 x 及其邻域像素

根据以上描述，本书结合 x 的邻域像素和现有的部分预测器，构造候选预测器集合。部分候选预测器及其在 Lena 图像下的信息熵如表 4.2 所示。我们以 8bit 灰度图像 Lena(512×512 像素)为例，计算多个候选预测器 PEH 的信息熵。

在构造多值预测器时，选择候选预测器集合中信息熵最小的预测器加入 v 中，同时在候选预测器集合中删除该预测器，更新集合。重复以上步骤，直到候选预测器集合为空集。预测元素组一旦创建，内部元素的次序相对保持不变，且满足 $E(v_1) \geqslant E(v_2) \geqslant \cdots \geqslant E(v_n)$ 。函数 $E(v_i), 1 \leqslant i \leqslant n$ 表示当前元素在标准测试图像上的信息熵。

理论上，预测元素集合 v 的长度没有限制。但实际上，受现有预测方法、嵌入容量、嵌入方式，以及计算复杂度等因素的影响，v 的长度不可能无限制地增加，因此应该根据嵌入性能指标要求，合理决定 v 的长度大小。

表 4.2　部分候选预测器及其在 Lena 图像下的信息熵

序号	预测器	$E(v)$
v_1	p_1	3.3834
v_2	p_2	3.1063
v_3	p_3	3.3825
v_4	p_4	3.1055
v_5	p_5	3.5265
v_6	p_6	3.4026
v_7	p_7	3.5252
v_8	p_8	3.4020
v_9	p_{10}	3.8157
v_{10}	$\left\lfloor \frac{p_1+p_3}{2} \right\rfloor$	2.8927
v_{11}	$\left\lfloor \frac{p_2+p_4}{2} \right\rfloor$	2.6820
v_{12}	$\left\lfloor \frac{p_1+p_2+p_3+p_4}{4} \right\rfloor$	2.7038
v_{13}	$\left\lfloor \frac{p_1+p_2}{2}+\frac{p_6-p_5}{4} \right\rfloor$[183]	2.9298
v_{14}	MED[214]	3.0257
v_{15}	GAP[215]	2.9123
v_{16}	AGSP[216]	3.1510

本节列出的候选预测器集合表中并不包含所有的预测器，只是举例说明多值

预测器的一般构造过程。任何性能优异的单值预测器都应该被优先使用，以提升多值预测器的性能。

4.2.3　预测元素组长度与算法性能的关系

从表 4.2 中看到，不同预测器的信息熵差别很大。具有较小信息熵的预测器能够提高多值预测器的性能，而加入较大信息熵的预测器则有可能影响多值预测器的性能。根据表 4.2 和提出的构造多值预测器的方法，考虑多因素影响，本节构造一个长度为 13 的多值预测器，即

$$v=\{v_{11},v_{12},v_{10},v_{15},v_{13},v_{14},v_4,v_2,v_{16},v_3,v_1,v_6,v_5\}$$

通过对该预测元素组设定不同的长度 $\text{length}=\{2,5,8,11,13\}$，研究它与算法性能(嵌入容量和 PSNR)之间的关系。以 Lena 图像为例，v 在不同长度时的算法性能如图 4.5 所示。

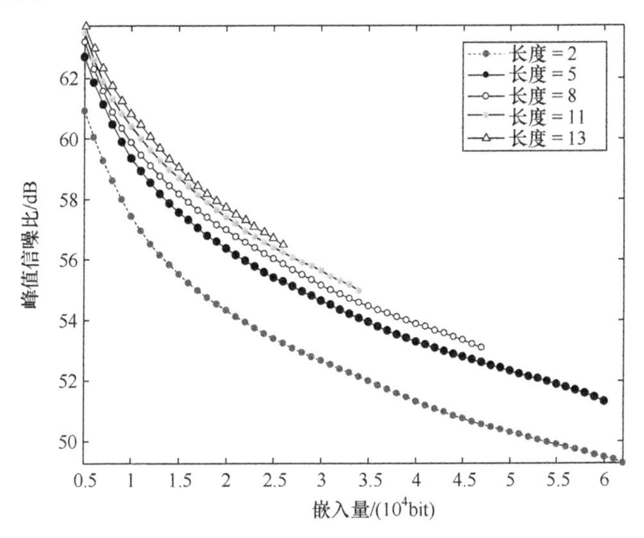

图 4.5　v 在不同长度时的算法性能

从图中可知，预测元素组的长度较小时，多值预测器具有较大的嵌入容量和相对较低的图像质量，而长度较大时嵌入容量较小，图像质量较高。因此，在嵌入负载已知时，选择合适的长度可以获得最优的图像质量。

4.3　基于多值预测模型的可逆信息隐藏算法

在基于多值预测模型的 RDH 算法中，存在预测元素组中最大值等于最小值的情况，可以借助 EMD[155,156,217]的思想，提高此时信息的嵌入量和减少失真的引

入量。由于该情况下预测误差等于 0 的像素数量比较少(式(4.18))，因此本书算法不将其作为重点研究内容。

4.3.1　信息嵌入过程

预测元素组内包含多个预测器，为了保证算法的可逆性，本书算法在嵌入信息时采用双层嵌入的策略。完成第一层嵌入但秘密信息没有被全部嵌入时进入第二层，直至所有信息被嵌入载体中。

基于 PEE 的 RDH 方法，在嵌入秘密信息时对载体像素进行修改，有可能使修改后的像素值超出表示范围[0，255]，导致溢出问题发生。为了防止该问题发生，在嵌入信息前，首先对载体图像进行预处理。PEE 技术对像素值的修改最大为 1，因此在预处理时，将值等于 0/255 的像素修改为 1/254，使用 LM 将这些位置信息记录下来，可以保证在提取阶段完全恢复出原始载体像素。如果 LM 中对应的像素值在预处理过程中发生变化，则 LM 对应位置标记信息置 1，否则置 0。预处理结束后，使用无损压缩技术压缩 LM，进一步减小它的大小。

衡量目标像素所处区域的局部复杂度(local complexity，LC)水平，优先选择复杂度较小的像素嵌入信息，可以获得更高的载密图像质量。在提出的算法中，使用预测元素组的最大值与最小值的差来评价目标像素所处区域的平滑程度，即

$$\mathrm{LC} = \max(v) - \min(v) \tag{4.21}$$

对于给定容量，通过设定阈值 T，只有当 LC 小于 T 时，像素 x 才会被选择嵌入信息，否则跳过。

具体的嵌入过程如下。

Step1：假设 8bit 灰度载体图像 I 的大小是 $w \times h$，对 I 进行预处理得到 LM。使用算术编码压缩 LM，用 CLM 表示，其长度用 l_{CLM} 表示。

Step2：按照光栅扫描的方式扫描图像 I。对于每个载体像素，首先计算它的局部复杂度 LC，如果 $\mathrm{LC} < T$，则根据嵌入规则对该像素修改；否则跳过，处理下一个像素。当所有秘密信息嵌入完毕后，记录最后一个像素的位置 k_{end}。

Step3：为了盲提取，一些辅助信息和 LM 被嵌入载体图像最后一行的前 $12+2\lceil \log_2(w \times h) \rceil + l_{\mathrm{CLM}}$ 个像素的 LSB。这些像素的 LSB 组成长度为 s 的比特流 S_{LSB}，将 S_{LSB} 嵌入从 $k_{\mathrm{end}}+1$ 开始的载体图像的剩余部分。需要嵌入的辅助信息包括多值预测器的长度 length(4bit)、像素复杂度阈值 T(8bit)、压缩后的 CLM 的长度($\lceil \log_2(w \times h) \rceil$ bit)、最后一个嵌入像素的位置 k_{end}($\lceil \log_2(w \times h) \rceil$ bit)。

4.3.2　信息提取过程

在提取阶段，扫描顺序与嵌入时相反。

Step1：读取载密图像最后一行前 $12+2\lceil\log_2(w\times h)\rceil$ 个像素的 LSB，得到压缩后的 CLM 的大小 l_{CLM}、嵌入时预测器的长度 length、像素复杂度阈值 T、最后一个嵌入像素的位置 k_{end}。然后，读取 l_{CLM} 个像素的 LSB 得到压缩 CLM，经过解压缩可获得原始 LM。

Step2：从第 $k_{end}+s$ 个载密像素开始，按照与嵌入时相反的顺序提取秘密信息，恢复原始载体像素值。对于每个载密像素，如果它的像素局部复杂度 $LC < T$，则试着从中提取秘密信息和恢复原始载体像素，否则跳过该像素。重复上述步骤，直到第一个像素被处理完。此时将提取的比特流倒置，前 k_{end} bit 就是嵌入的秘密信息，第 $k_{end}+1$～$k_{end}+s$ bit 是长度为 s 的比特流 S_{LSB}。

Step3：使用 S_{LSB} 替换最后一行前 s 个像素的 LSB。检查恢复的原始图像，如果有像素值等于 1 或者 254，其对应的 LM 标记为 1，则将该像素值修改为 0 或者 255。最终，原始载体图像被完全恢复。

4.4 实验分析

比较本书算法与 Hong 等[138]、Ou 等[218]、Li 等[143]、Qu 等[150]和 Ma 等[219]提出的算法，验证本书算法的可行性、优越性。

实验使用 8 幅大小为 512×512 像素的灰度图像作为测试图像(图 4.6)，分别是 Aerial、Baboon、Barbara、Boat、Elaine、Lena、Peppers、Sailboat。除了图像 Barbara 之外，其余图像均来自 USC-SIPI 图像数据库[191]。实验结果使用嵌入容量和图像

(a) Aerial　(b) Baboon　(c) Barbara　(d) Boat

(e) Elaine　(f) Lena　(g) Peppers　(h) Sailboat

图 4.6　测试图像

质量(PSNR)进行评价，这是 RDH 方法中最重要的两个评价指标[142,220]。所有实验均在 MATLAB 2016b 上运行，嵌入需要的秘密信息比特流由随机函数生成。

在嵌入容量方面，本书算法的最大嵌入容量均有明显提升(表 4.3)。较大的最大嵌入容量说明 PEH 的峰值更高，本书提出的预测器的性能更好。Ou 等的方法是基于二维的 RDH 算法，与其他基于一维的算法相比具有更高的嵌入容量，与本书算法相比，平均最大嵌入容量高出 19.16%。Ou 等指出，基于一维的 RDH 技术可以用于基于二维 RDH 的方法。由此可以得出推论，若在二维 RDH 方法中使用本书提出的多值预测模型，则可以获得更大的嵌入容量。

表 4.3　本书算法和对比算法的最大嵌入容量　　(单位：bit)

项目	Hong 等算法	Ou 等算法	Li 等算法	Qu 等算法	Ma 等算法	本书算法
Aerial	50000	59000	26000	39000	45000	47000
Baboon	19000	23000	13000	15000	18000	19000
Barbara	43000	55000	27000	36000	41000	48000
Boat	33000	40000	24000	29000	31000	37000
Elaine	29000	36000	21000	28000	29000	29000
Lena	58000	75000	35000	49000	55000	62000
Peppers	32000	41000	28000	33000	37000	35000
Sailboat	29000	38000	23000	28000	31000	31000
均值	36625	45875	24625	32125	35875	38500

在图像质量方面，以 1000bit 为步长，嵌入负载从 5000bit 开始逐步增加到最大嵌入容量，计算所有算法在不同嵌入负载下的 PSNR，如图 4.7 所示。

在图 4.7(a)中，Ou 等的算法与本书算法图像质量接近，其余算法的图像素质量均比本书算法低。在图 4.7 其他测试图像中，本书算法的图像质量均优于对比算法。

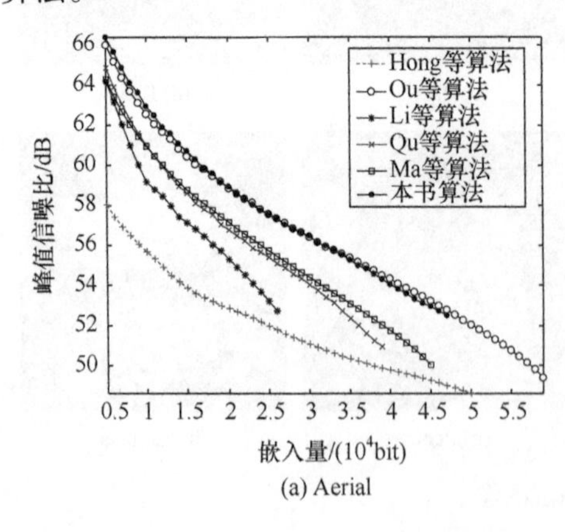

(a) Aerial

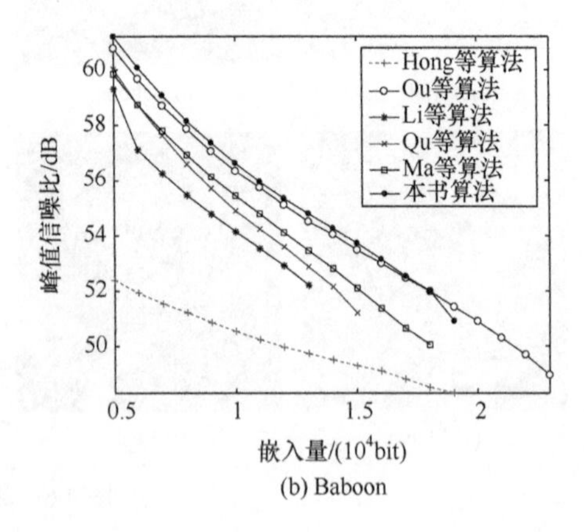

(b) Baboon

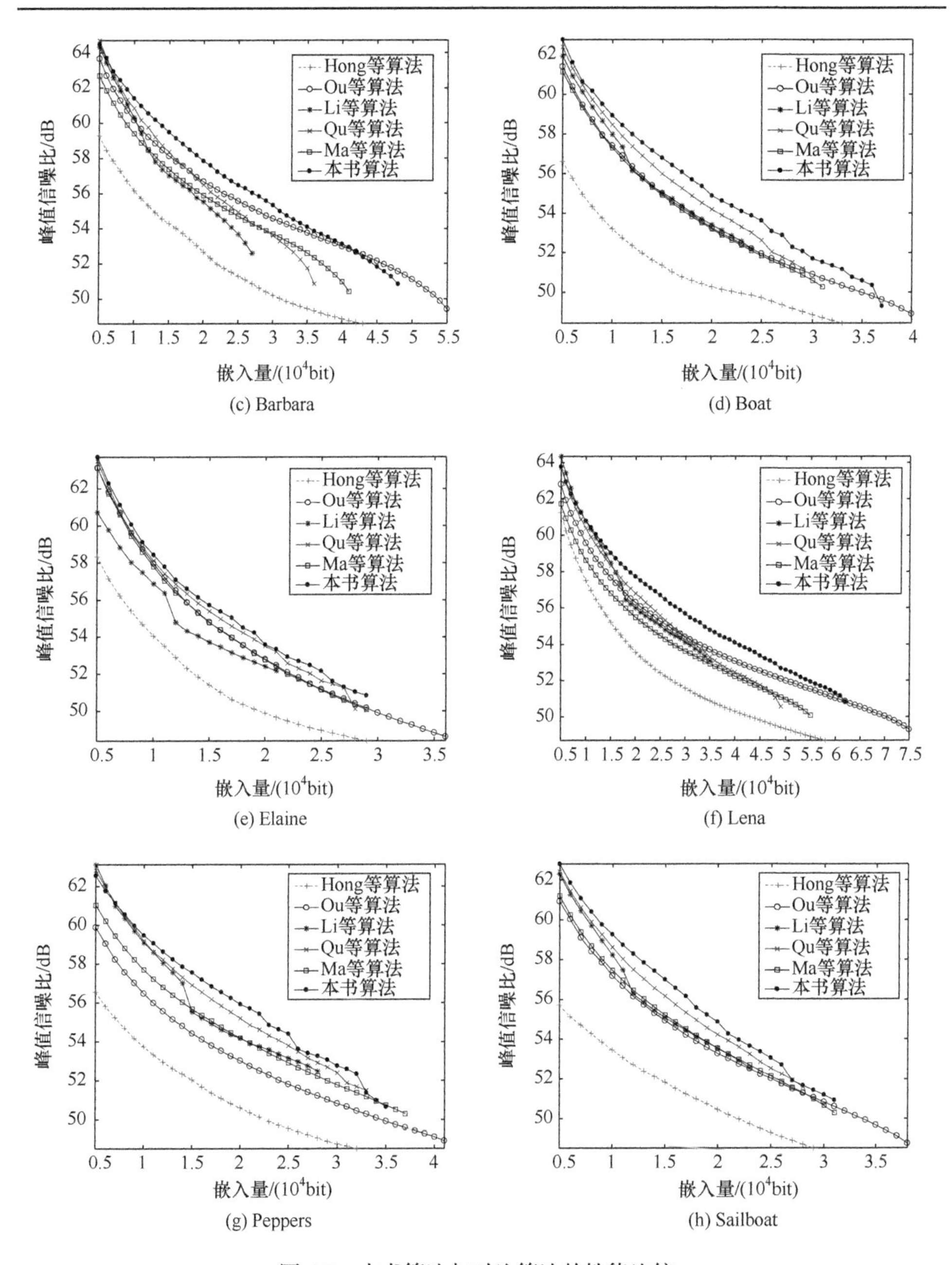

(c) Barbara　(d) Boat　(e) Elaine　(f) Lena　(g) Peppers　(h) Sailboat

图 4.7　本书算法与对比算法的性能比较

表 4.4 和表 4.5 分别给出了嵌入负载为 10000bit 和 20000bit 时本书算法和对比算法的 PSNR。在限定嵌入负载为 10000bit 时，本书算法与对比算法相比平均 PSNR 分别高出 5.4878dB、1.2646dB、1.3996dB、0.7815dB、1.6350dB。当限定

嵌入负载为 20000bit 时,本书算法与对比算法相比平均 PSNR 分别提高 5.2096dB、1.3309dB、1.8761dB、0.8976dB、1.6067dB。

表 4.4　嵌入负载为 10000bit 时，本书算法与对比算法的 PSNR　(单位：dB)

项目	Hong 等算法	Ou 等算法	Li 等算法	Qu 等算法	Ma 等算法	本书算法
Aerial	55.6699	62.5431	59.1659	61.0135	60.9607	62.8917
Baboon	50.5452	56.3437	54.1505	54.8982	55.4461	56.6305
Barbara	56.1763	60.1648	60.3162	60.8462	59.4019	61.3750
Boat	53.2107	57.3981	57.9689	58.4592	57.2853	58.9124
Elaine	54.0599	57.9675	56.8826	58.1238	57.8029	58.4320
Lena	56.9691	59.5619	60.7610	60.3649	58.6192	60.7903
Peppers	53.7453	56.4800	59.0814	59.1771	57.6989	59.4678
Sailboat	53.4651	57.1683	58.2209	58.6094	57.4493	59.2440
均值	54.2302	57.4081	58.3184	58.9365	58.0830	59.7180

表 4.5　嵌入负载为 20000bit 时，本书算法与对比算法的 PSNR　(单位：dB)

项目	Hong 等算法	Ou 等算法	Li 等算法	Qu 等算法	Ma 等算法	本书算法
Aerial	52.8411	58.8485	55.2934	56.7638	57.1505	58.9924
Baboon	—	50.9143	—	—	—	—
Barbara	52.6696	56.6748	55.5291	56.5028	55.8918	57.8505
Boat	50.2736	53.2586	53.4100	54.1904	53.1986	54.8788
Elaine	49.9035	52.7932	52.4097	53.5089	52.7770	53.5711
Lena	50.2736	56.3019	55.9908	56.7896	55.4829	57.7039
Peppers	50.5981	53.0178	54.1801	55.2158	54.1880	55.9351
Sailboat	50.4623	53.2776	53.5433	54.2341	53.5535	54.5568
均值	51.0031	54.8818	54.3366	55.3151	54.6060	56.2127

在对比算法中，Hong 等的算法是经典的预测误差修改算法，它的预测器性能有限，相同嵌入负载下的图像质量明显比其他算法低。Ou 等的算法属于基于二维的 RDH 算法，它将基于一维的 RDH 技术适当改造，预测误差映射到二维平面上。再经过性能优化，最大嵌入容量可以得到显著提升，同时也提高了图像质量。但该算法是单值预测方法在二维平面上的重新映射，预测器的性能并没有得到显著

改善。Li 等将 PEE 与像素排序技术相结合，可以进一步提高预测准确度，改善算法的性能。Qu 等提出的基于像素值的像素排序 RDH 算法，可以显著增加最大嵌入容量和图像质量。Ma 等提出使用四个预测器预测目标像素，最大或者最小预测值作为目标像素的预测值。Ma 等的算法没有对其选择的预测器性能进行分析选择，算法性能受到限制。

Li 等、Qu 等(CN ⩾ 2)和 Ma 等的算法在本质上都属于多值预测的算法，其缺点是没有分析指明多值预测的核心思想，即多值预测器的预测元素组应该是性能优异的预测器的子集。上述三种算法在构造多值预测器时没有对所选的元素进行有效甄别。本书算法的性能与对比算法相比优势明显，主要得益于构造的多值预测模型，从信息熵的角度优先选择预测准确性高的预测器作为一个元素加入多值预测器，大幅提升了预测器的准确性，改善了算法的性能。

USC-SIPI 图像库包含若干幅军事图像，将其作为测试图像(需要转换为 bmp 图像)，检验本书算法与相关算法在军事图像上的性能。嵌入负载为 10000bit 和 20000bit 时，本书算法和对比算法的 PSNR 分别如表 4.6 和表 4.7 所示。

表 4.6 测试图像为军事图像，嵌入负载为 10000 bit 时算法的 PSNR (单位：dB)

项目	Hong 等算法	Ou 等算法	Li 等算法	Qu 等算法	Ma 等算法	本书算法
military01	54.7149	59.7283	55.4377	61.5063	59.4147	62.1379
military02	58.8185	60.4852	—	64.0892	61.9988	64.0932
military03	54.1782	57.2375	—	60.4198	58.1847	61.0125
military04	54.6410	58.3348	52.9691	60.7395	58.7006	61.3708
military05	52.9611	57.0608	53.0374	58.1651	56.9891	59.1847
military06	52.8218	56.1387	53.9583	56.9204	55.7265	58.2326
military07	53.1897	55.2335	52.5171	57.4318	55.5489	58.4953
military08	53.9590	58.2155	—	61.5432	58.8321	61.6007
military09	52.6901	56.2211	—	59.7026	57.2275	60.3863
military10	54.6264	57.1842	52.2917	59.6329	57.7100	60.8705
均值	54.2601	57.5840	53.3686	60.0151	58.0333	60.7385

表 4.7 测试图像为军事图像，嵌入负载为 20000bit 时算法的 PSNR (单位：dB)

项目	Hong 等算法	Ou 等算法	Li 等算法	Qu 等算法	Ma 等算法	本书算法
military01	52.0040	55.8584	—	57.6553	55.8405	58.4908
military02	55.8001	57.2823	—	61.2359	59.0389	61.1445
military03	51.2193	53.4684	—	56.8656	54.5716	57.6706
military04	54.6410	54.4764	—	56.8326	54.8411	57.9466

续表

项目	Hong 等算法	Ou 等算法	Li 等算法	Qu 等算法	Ma 等算法	本书算法
military05	49.6633	52.2262	—	53.9547	52.3202	55.0682
military06	49.8042	51.8248	—	52.9928	51.4994	53.4604
military07	49.7658	51.5955	—	53.6442	51.8610	54.1292
military08	51.5503	54.7188	—	58.3341	55.6066	58.2656
military09	50.2797	52.6317	—	55.9213	53.5994	56.7642
military10	51.5910	53.7685	—	56.0561	54.2222	57.4407
均值	51.6319	53.7851	—	56.3493	54.3401	57.0381

Li 等的 PVO 算法最大嵌入容量非常低，从表 4.6 和表 4.7 中得知所有测试图像的最大嵌入容量均低于 20000bit，有 4 幅图像的最大嵌入容量不足 10000bit，而且嵌入负载为 10000bit 时，平均 PSNR 在所有算法中是最小的。

本书算法表现优异，与 Hong 等、Ou 等、Li 等、Qu 等、Ma 等的算法相比，在嵌入负载为 10000bit 时，平均 PSNR 分别增加 6.4784dB、3.1545dB、7.3699dB、0.7234dB、2.7052dB。在嵌入负载为 20000bit 时，本书算法与 Hong 等、Ou 等、Qu 等、Ma 等的算法相比，平均 PSNR 分别增加 5.4062dB、3.2530dB、0.6888dB、2.6980dB。

在实际嵌入过程中，总的嵌入信息量=秘密信息+辅助信息+定位图。辅助信息和定位图占用一定的嵌入容量。实验最后给出常用测试图像在嵌入负载为 10000bit 时的参数，包括多值预测器长度 length、像素复杂度阈值 T、辅助信息占用的位数 l_{AI}，以及压缩后的 l_{CLM}，如表 4.8 所示。

表 4.8　嵌入负载为 10000bit 时本书算法相关参数

图像	length	T	l_{AI}/bit	l_{CLM}/bit
Aerial	12	4	48	20
Baboon	9	18	48	20
Barbara	13	5	48	20
Boat	13	10	48	166
Elaine	13	12	48	20
Lena	13	6	48	20
Peppers	13	8	48	73
Sailboat	13	10	48	20

在测试图像中，除 Aerial、Baboon 外，其余测试图像在嵌入负载 10000bit 时

使用的预测器长度为 13(最大为 13)，这也印证长度较大的预测器具有较好的图像质量。可以看到，LM 经过算术编码压缩之后，其大小变化显著，最小只有 20bit、平均 45bit。辅助信息与压缩后的 LM 平均增加负载 89bit，当嵌入容量分别为 5000bit、10000bit、20000bit 时，占总的嵌入信息量的比例分别为 1.78%、0.89%、0.45%，对算法的性能影响有限。

实验使用的测试图像数量有限，可能发生溢出问题的像素数目比较少，因此 LM 也比较小。如果某幅图像发生溢出问题的像素数目较多，LM 的大小会显著增加，严重影响算法的性能。

4.5 本章小结

本章对单值预测模型(传统的预测模型)进行分析，指出其存在的缺陷，提出一种新颖的多值预测模型，使用信息熵评价单值预测器的性能，并给出构造多值预测器的原则，同时分析了预测器长度与嵌入性能之间的关系，最后描述了整个嵌入算法的过程。本章算法与其他 RDH 算法性能的比较表明，本章算法具有更大的嵌入容量和更好的图像质量。

在构造多值预测器时，为了说明问题，我们简单列举了一些常用的预测器(包括使用相邻像素来预测)，并未对所有预测器的性能进行评价。

第5章　基于多直方图修改的最优嵌入率可逆信息隐藏算法

基于 PEE 的 RDH 算法[158]使用局部复杂度优先选择平滑域的像素嵌入信息。该技术的核心思想是假设预测误差与目标像素的邻域复杂度大小成正比例关系，即较小的局部复杂度对应较小的预测误差、较大的局部复杂度对应较大的预测误差。优先选择平滑区域(较小的局部复杂度)的载体像素嵌入信息，可以有效减少嵌入信息造成的失真，提高载密图像质量。实际上，载体像素的预测误差与其邻域局部复杂度大小成正比例关系，只是一种宏观上的统计特性，涉及具体像素时，仍有一部像素不符合这种特征。也就是说，假设局部复杂度与预测误差成正比例是一种近似求解。

基于 MHM 的 RDH 算法是在 PEE 技术上发展而来的，其重点和难点是如何确定 $2M$(M 为构造的多直方图中子直方图的数量)个参数。传统的做法是结合像素局部复杂度，通过穷举每个子直方图嵌入信息的预测误差可能的取值，选择引入失真最小的参数组合为整个算法的最终参数。这样做的计算复杂度大，会严重影响计算效率。同时，局部复杂度与预测误差成正比例关系是一种近似求解，并不能保证算法最终确定的参数是最优的。

为了提高算法性能，本章从嵌入率的角度确定算法的参数、减少引入的失真，提出基于 MHM 的最优嵌入率 RDH 算法。

5.1　PEE 算法中复杂度选择技术的缺陷

在直方图平移和预测误差扩展(histogram shifting-prediction error expansion，HS-PEE)算法中，一般假设局部像素复杂度与该像素对应的预测误差成正比例关系，即像素复杂度越小预测误差就越小，像素复杂度越大预测误差就越大。因此，有研究者提出优先选择像素复杂度小的像素嵌入信息，以此减少失真。但是，像素选择技术只是一种近似的最优求解方法，这种假设并不是在所有条件下都成立[142]。

本节结合菱形预测和 Li 等[158]提出的像素复杂度计算方法，具体说明预测误差与像素复杂度的关系。

假设目标像素 x 及其邻域像素如图 5.1 所示，x 的预测值 $\hat{x}$ 可根据式(5.1)计算

得到，即

$$\hat{x}=\left\lfloor \frac{v_1+v_2+v_3+v_4}{4} \right\rfloor \tag{5.1}$$

其像素复杂度可用 n_i 表示。n_i 的计算公式为

$$\begin{aligned} n_i = & |v_2-w_3|+|w_3-w_6|+|v_3-w_7|+|v_4-w_4|+|w_4-w_8| \\ & +|w_1-w_2|+|w_2-w_5|+|w_5-w_9|+|v_4-w_2|+|w_3-v_3| \\ & +|v_3-w_4|+|w_4-w_5|+|w_6-w_7|+|w_7-w_8|+|w_8-w_9| \end{aligned} \tag{5.2}$$

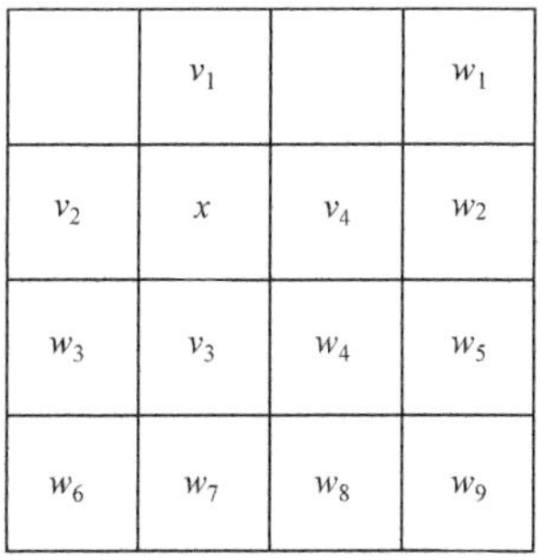

	v_1		w_1
v_2	x	v_4	w_2
w_3	v_3	w_4	w_5
w_6	w_7	w_8	w_9

图 5.1　目标像素 x 及其邻域像素

PEE 算法以 0 为中心呈现拉普拉斯分布，选择预测误差等于 0 的像素嵌入秘密信息可以获得最大的嵌入容量。以 Lena 图像为例，我们绘制嵌入负载为 10000bit 时载体像素($n_i < T$)的预测误差分布图(图 5.2)，以及预测误差为 0 时的像素复杂度分布图(图 5.3)。

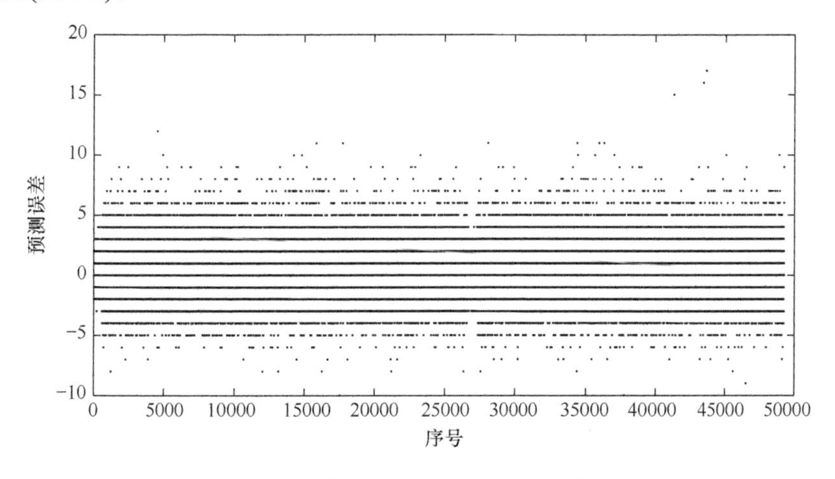

图 5.2　像素($n_i < T$)预测误差分布图

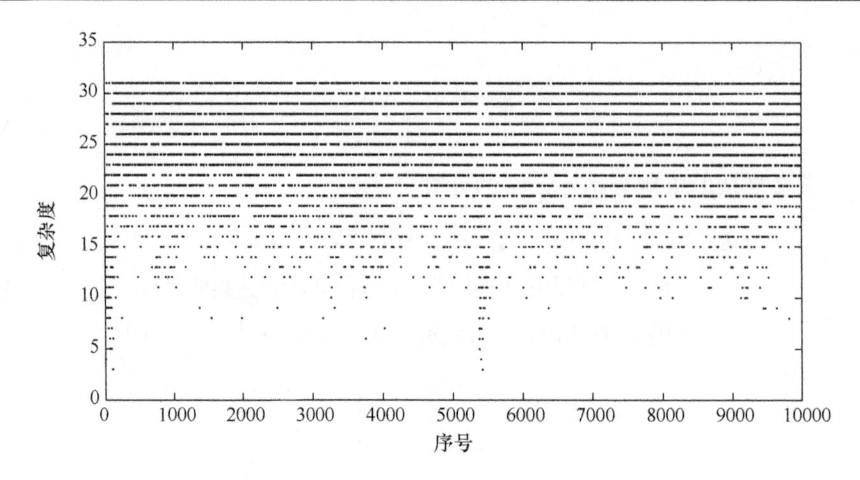

图 5.3　像素(预测误差 = 0)复杂度分布图

在图 5.2 中，横坐标表示像素的序号，纵坐标表示当前像素的预测误差。分析图 5.2 可以得到以下结论，预测误差主要集中在以 0 为中心的区域；有很多像素的预测误差不等于 0；最大预测误差为 20、最小为–10。

当预测误差等于 0 时对载体像素进行扩展嵌入信息，不等于 0 时对载体像素进行平移。经计算，预测误差等于 0 的像素仅占总的像素数目的 20.30%。由此可见，在信息嵌入过程中，大部分像素需要移动，引入了较多的失真。

为了进一步分析预测误差与像素复杂度之间的关系，研究分析了预测误差等于 0 时各像素复杂度的分布，如图 5.3 所示。根据像素复杂度的理论，预测误差等于 0 的像素，其复杂度应该靠近 0 分布。但是，从图 5.3 中看到，预测误差等于 0 的像素的复杂度分布并非如此。

以上分析说明，像素选择技术虽然在提高算法性能方面发挥了重要作用，但作为一种近似求解的折中方法，仍然存在不可避免的缺陷。

5.2　基于多直方图修改的最优嵌入率算法

像素选择只是一种近似求得最优解。为了尽可能地消除这种影响，本书提出基于 MHM 的最优嵌入率算法。

5.2.1　构造多预测误差直方图

在提出的算法中，使用菱形预测预测目标像素，根据式(5.2)计算每个载体像素的复杂度。复杂度的范围比较宽泛，为了减少计算复杂度，将其映射到一个较小的值 M。也就是说，经过尺度量化后，复杂度被划分为 M 个区间，每个区间包

含相同数量的载体像素。假设用$s_1, s_2, \cdots, s_{M-1}$表示$M-1$个间隔阈值，即

$$s_j = \arg\min_n \left\{ \frac{\#\{1 \leqslant i \leqslant N : n_i \leqslant n\}}{N} \geqslant \frac{j}{M} \right\}, \quad j \in \{1, 2, \cdots, M-1\} \tag{5.3}$$

其中，N为载体像素总的数目；i为像素的序号；n_i为序号i的像素的复杂度；n为大于等于 0 的整数，它随着迭代不断自增 1。

假设使用$V_k, k \in \{1, 2, \cdots, M\}$表示得到的$M$个复杂度区间，依次是$V_1 = [0, s_1]$，$V_2 = [s_1+1, s_2]$，…，$V_{M-1} = [s_{M-2}+1, s_{M-1}]$，$V_M = [s_{M-1}+1, \infty)$；用$h_k$表示构造的$M$个 PEH。在$h_k$中，对应像素的复杂度$n_i$满足$n_i \in V_k$，即

$$h_k(e) = \#\{1 \leqslant i \leqslant N : e_i = e, n_i \in V_k\} \tag{5.4}$$

假设M取值 16，以 Lena 图像为例，取阴影区的像素(图 5.4)，构造 PEH。在M个复杂度区间中，V_1最小、V_{16}最大。作为示例，复杂度$n_i \in \{V_1, V_5, V_9, V_{13}, V_{16}\}$的 PEH 如图 5.5 所示。从图中可以看到，$V_1$对应的 PEH 最尖锐，随着$k$不断增加，$V_k$对应的 PEH 逐渐变得平滑。在$M$个直方图中，虽然$V_{16}$对应的 PEH 最平滑，但是仍然有一些预测误差等于 0。也就是说，即使在最平滑的 PEH 中，仍然有满足嵌入条件的像素。

在现有的一些基于 MHM 的 RDH 算法中，完成 PEH 的构造后，结合像素选择策略，优先在复杂度较小的区间对应的 PEH 中嵌入较多的秘密信息。

上一节对像素复杂度的选择技术分析存在一定的缺陷。在图 5.5 中可以看到，复杂度区间V_{16}对应的 PEH 比较平滑，但它里面仍然有不少可以用来嵌入信息的像素。

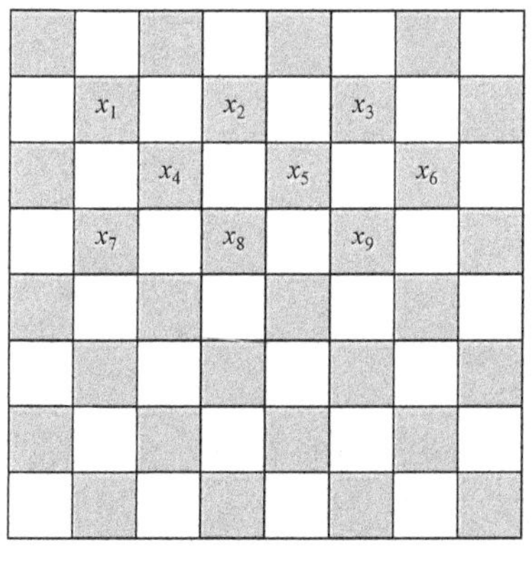

图 5.4　图像像素分类

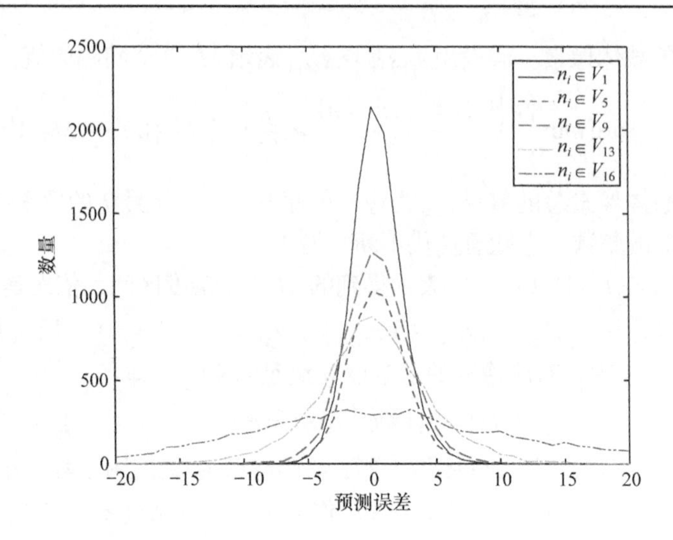

图 5.5　Lena 图像不同复杂度区间的 PEH

5.2.2　确定嵌入参数对

嵌入率是信息嵌入过程中嵌入的信息量与嵌入信息引起的失真量之间的比值，是评价信息隐藏算法性能的重要指标[143,184]，即

$$E = \frac{N_c}{0.5N_c + N_s} \tag{5.5}$$

其中，N_c为嵌入的信息量；N_s为引入的失真量。

在信息隐藏算法中，较高的嵌入率可以获得更好的图像质量(PSNR)。本书算法的核心是构建一个嵌入率矩阵，搜索该矩阵中的 n 个较大值，使其对应的预测误差频数之和大于等于待嵌入负载的嵌入容量。

下面介绍嵌入率矩阵的创建过程。

假设预测误差等于 $\mathrm{pe} \in [-255, 255]$ 的频数用 c_{pe} 表示，则 PEH 可以用行向量 C 表示，即

$$C = [\cdots, c_{-5}, c_{-4}, c_{-3}, c_{-2}, c_{-1}, c_0, c_1, c_2, c_3, c_4, c_5, \cdots] \tag{5.6}$$

在基于 PEE 的 RDH 算法中，PEH 被划分成两部分，一部分称为内部区域，另一部分被称为外部区域。内部区域的像素用来扩展以嵌入信息，外部区域的像素被平移以便和内部区域分开。

PEH 通常呈拉普拉斯分布，在零值或者附近取得最大值。定义预测误差参数对(a, b)，$a \leqslant -1$，$b \geqslant 0$，对预测误差等于 a 和 b 的像素扩展嵌入信息，对预测误差小于 a 和大于 b 的像素进行平移(图 5.6)。

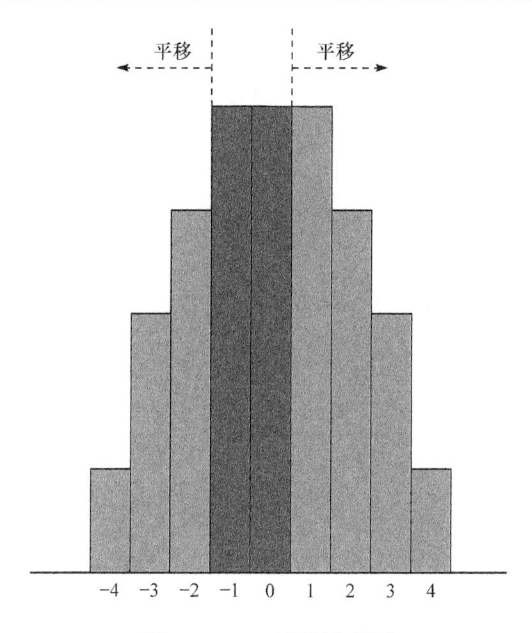

图 5.6　PEH 平移示意图

根据嵌入率的定义，得到的对应的嵌入率行向量为

$$E=\left[\cdots,e_{-5},e_{-4},e_{-3},e_{-2},e_{-1},e_0,e_1,e_2,e_3,e_4,e_5,\cdots\right] \tag{5.7}$$

其中，e_{pe} 表示预测误差等于 pe 的像素对应的嵌入率。

完成 M 个 PEH 的构造后，M 个行向量 $C_{k,\mathrm{pe}}$ 构成的矩阵 MC(multi C)表示 h_k 中每个预测误差对应的频数，即

$$\mathrm{MC}=\begin{bmatrix} C_{1,\mathrm{pe}} \\ C_{2,\mathrm{pe}} \\ \vdots \\ C_{m,\mathrm{pe}} \end{bmatrix} \tag{5.8}$$

同时得到嵌入率矩阵 ME(multi E)，即

$$\mathrm{ME}=\begin{bmatrix} E_{1,\mathrm{pe}} \\ E_{2,\mathrm{pe}} \\ \vdots \\ E_{m,\mathrm{pe}} \end{bmatrix} \tag{5.9}$$

由于 PEH 呈拉普拉斯分布，为了在嵌入率矩阵 ME 中搜索 n 个较大值时减少计算复杂度，通常令 $a=-b-1, b\in\{0,1,2,\cdots\}$。相应地，只需在 ME 中预测误差 $\mathrm{pe}\geqslant 0$ 的部分进行搜索，进一步减少计算量。以下内容中的 ME 均指 $\mathrm{pe}\geqslant 0$ 的部分。

定义大小为 $M\times 1$ 的列向量 a 和 b，并初始化为−1。搜索过程如下。

① 找到 ME 中的最大值，得到其位置(row,col)，令 $k=\text{row}$，置 $E_{k,\text{pe}\geqslant\text{col}}=0$。

② 更新 $b_k=\text{col}-1$，$a_k=-b_k-1$。

③ 令 $\text{col1}=\text{pe\_col}(b_k)$, $\text{col2}=\text{pe\_col}(a_k)$，自定义映射转换函数 pe_col(pe) 表示查找预测误差 pe 在矩阵 MC 中对应的列，将结果保存在变量 col 中，然后计算下式，即

$$\text{EC}=\sum(\text{MC}(k,b_k)+\text{MC}(k,a_k)),\quad 1\leqslant k\leqslant M;b_k\neq -1$$

④ 如果 $\text{EC}\geqslant\text{Payload}$，结束搜索；否则，转到①。

搜索过程结束后，b_k 和 a_k 即 h_k 中嵌入秘密信息进行扩展的预测误差的值。如果 $b_k=-1$，表示 h_k 不嵌入信息。

以 Lena 图像为例，表 5.1 给出 M 等于 16，嵌入负载为最大时，阴影区嵌入率矩阵部分数据。其中，k 表示直方图 h_k，pe_i，$i=0,1,\cdots,7$ 表示预测误差等于 i 时的嵌入率。

表 5.1 嵌入率矩阵部分数据

k	pe_0	pe_1	pe_2	pe_3	pe_4	pe_5	pe_6	pe_7
1	0.3801	0.5564	0.6925	0.7518	0.7625	0.8620	0.8857	0.8889
2	0.3464	0.4929	0.5841	0.7496	0.8051	0.9183	0.8235	0.8070
3	0.3359	0.4963	0.5929	0.7138	0.7943	0.7493	0.8293	0.6667
4	0.3312	0.4624	0.5857	0.7097	0.7673	0.8406	0.9448	0.9153
5	0.3198	0.4535	0.5881	0.6572	0.7402	0.6873	0.7895	0.7463
6	0.3220	0.4604	0.5658	0.6434	0.7655	0.8545	0.5550	0.7879
7	0.3310	0.4408	0.5293	0.6412	0.7559	0.7556	0.6957	0.7692
8	0.3217	0.4307	0.5045	0.6235	0.6813	0.6642	0.7321	0.8475
9	0.2972	0.4004	0.4845	0.5538	0.6550	0.6625	0.6296	0.6747
10	0.2936	0.3625	0.4503	0.5791	0.5917	0.5799	0.6398	0.4771
11	0.2735	0.3371	0.3920	0.4924	0.5319	0.4979	0.5026	0.6135
12	0.2464	0.3188	0.3719	0.3923	0.4277	0.4545	0.4712	0.4303
13	0.2140	0.2504	0.2801	0.2927	0.3417	0.3224	0.3519	0.3367
14	0.1635	0.1923	0.2121	0.2373	0.2285	0.2494	0.2642	0.2444
15	0.1138	0.1415	0.1606	0.1568	0.1699	0.1748	0.1692	0.1813
16	0.0678	0.0757	0.0808	0.0987	0.0953	0.0945	0.0860	0.0858

5.2.3　嵌入过程

在嵌入过程中，载体像素的值可能被修改，有可能超出像素表示范围(8bit 灰度图像的表示范围是[0，255])，从而溢出。为了防止溢出，需要对载体图像进行预处理。

PEE 技术对像素值的修改量最大为 1，如果载体像素值等于 0 或者 255，在嵌入信息之后有可能发生溢出。因此，在预处理时，将值等于 0 的像素修改为 1，值等于 255 的像素修改为 254。为了在提取端完全恢复原始载体图像，使用 LM 将被修改的像素的位置信息记录下来。如果序号为 i 的像素值在预处理过程中发生变化，则置 $\mathrm{LM}(i)=1$，否则置 $\mathrm{LM}(i)=0$。预处理结束后，使用无损压缩技术进一步减小 LM。

在 HS-PEE 的方法中，其嵌入过程一般包括两个基本步骤[73]：构造 PEH 和修改 PEH 嵌入信息。在基于多直方图的可逆算法中，其嵌入过程仍然适用。

为了保证算法的可逆信息，使用菱形预测方法预测像素时通常采用双层嵌入的策略(图 5.4)，即首先在阴影区像素嵌入信息，然后在空白区像素嵌入信息。当所有负载信息被嵌入载体像素中时，嵌入过程结束。

具体的嵌入过程描述为以下几个步骤。

Step1：假设 8bit 灰度载体图像 I 的大小是 $w\times h$，对 I 进行预处理得到 LM。用 CLM 表示使用算术编码压缩后的 LM，其长度用 l_{CLM} 表示。

Step2：构建多直方图 $h_k, 1\leqslant k\leqslant M$，以及效率矩阵 ME，根据嵌入负载的要求，在 ME 中迭代搜索确定列向量 b_k。

Step3：按照光栅扫描的方式扫描图像 I，计算载体像素 x_i 的复杂度 n_i ($n_i\in V_k$)，确定其对应的 h_k PEE 嵌入参数 (a_k,b_k)。如果 $b_k\neq -1$，根据 PEE 方法在 x 中嵌入信息，否则跳过，处理下一个像素。当所有秘密信息嵌入完毕后，记录最后一个像素的位置 k_{end}。

Step4：为了盲提取，需要嵌入一些辅助信息。记录载体图像最后一行的前 $13M+2\lceil\log_2(w\times h)\rceil+l_{\mathrm{CLM}}-10$ 个像素的 LSB，组成长度为 s 的比特流 S_{LSB}。使用辅助信息和压缩后的 LM 替换这些像素的最低位，然后将 S_{LSB} 嵌入从 $k_{\mathrm{end}}+1$ 开始的载体图像的剩余部分。

每层需要嵌入的辅助信息包括列向量 b_k 的长度($3M$ bit)、间隔阈值 s_k 的长度 $(10(M-1))$、压缩后的 CLM 的长度($\lceil\log_2(w\times h)\rceil$ bit)、最后一个嵌入像素的位置 k_{end}($\lceil\log_2(w\times h)\rceil$ bit)，其中 $1\leqslant k\leqslant M$。

5.2.4　提取过程

在提取阶段，扫描顺序与嵌入时相反。

Step1：读取载密图像最后一行前 $13M+2\lceil \log_2(w\times h) \rceil + l_{\mathrm{CLM}} - 10$ 个像素的 LSB，得到列向量 b_k、间隔阈值 s_k、最后一个嵌入像素的位置 k_{end}，以及压缩后的 CLM。解压缩可以获得原始 LM。

Step2：从第 $k_{\mathrm{end}}+s$ 个载密像素开始，按照与嵌入时相反的顺序和操作提取秘密信息、恢复载体像素值。当第一个像素处理完毕，将提取的比特流倒置，前 k_{end} bit 就是嵌入的秘密信息，第 $k_{\mathrm{end}}+1 \sim k_{\mathrm{end}}+s$ bit 是长度为 s 的比特流 S_{LSB}。

Step3：使用 S_{LSB} 替换最后一行前 s 个像素的 LSB。检查恢复的原始图像，如果有像素值等于 1 或者 254，其对应的 LM 值为 1，则将该像素值修改为 0 或者 255。最终，原始载体图像被完全恢复。

5.3 实验分析

为了验证算法的性能，将本书算法与 Wang 等[139]、Li 等[143]、Ma 等[219]、Qu 等[150]、Chen 等[142]的算法进行对比。

实验使用 6 幅大小为 512×512 像素的 8bit 灰度图像作为测试图像(图 5.7)，即 Lena、Baboon、Boat、Barbara、Airplane、Peppers。除了图像 Barbara 之外，其余

(a) Lena　(b) Baboon　(c) Boat　(d) Barbara　(e) Airplane　(f) Peppers

图 5.7　测试图像

图像均来自 USC-SIPI 图像数据库[191]。本书算法和对比算法均在 MATLAB 2016b 实现，嵌入的比特信息流由系统随机函数生成，采用 PSNR 对实验结果进行评价。

实验设置起始嵌入负载的嵌入容量为 5000bit、步长为 1000bit，计算不同嵌入负载下的图像质量(PSNR)。本书算法和对比算法性能比较如图 5.8 所示。从图中可以看到，与对比算法相比，本书算法在不同测试图像中(除 Baboon)均获得了非常好的图像质量(PSNR)。

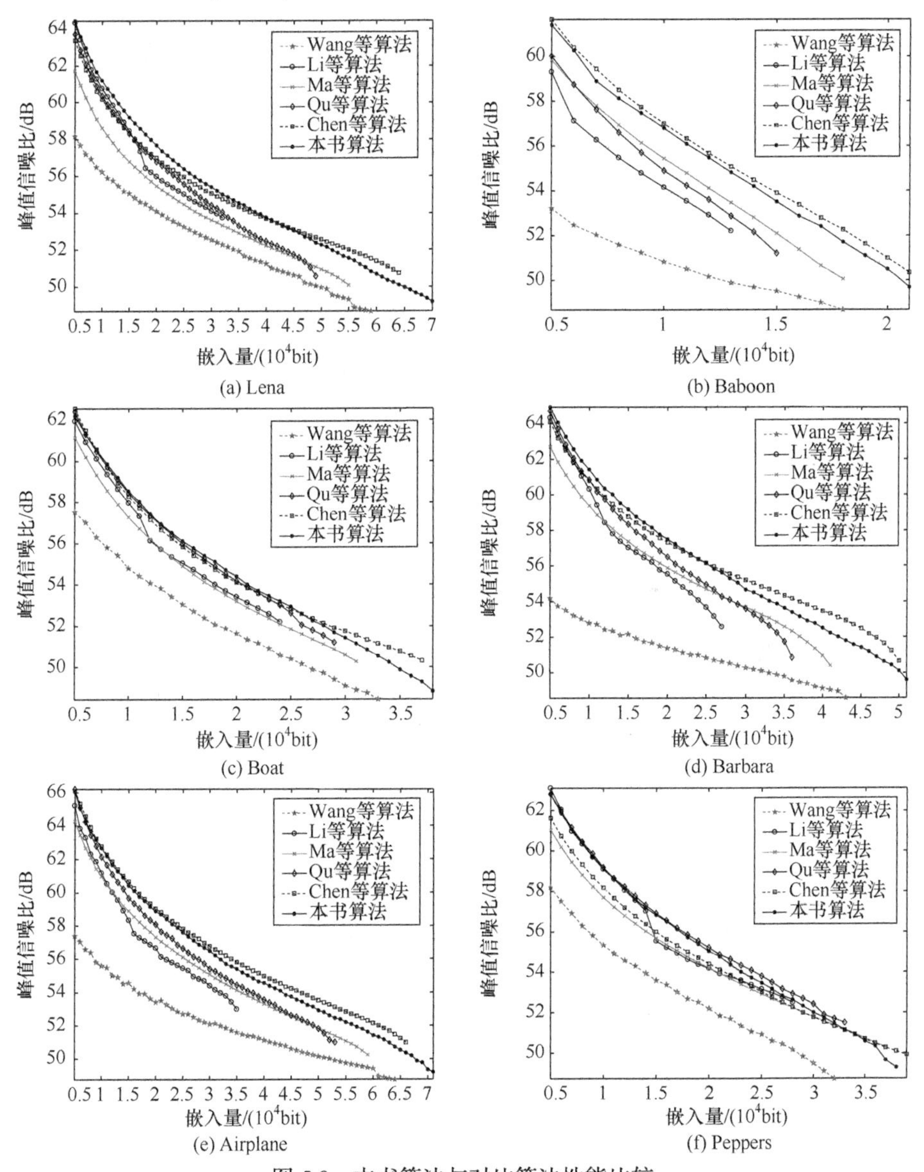

图 5.8　本书算法与对比算法性能比较

Wang 等的算法是最早的PEE算法之一，属于典型的最优直方图选择技术[221]。该算法能够获得较好的最大嵌入容量，主要得益于使用中值边缘检测器[214]构造了一个尖锐的预测误差直方图。该算法在选择扩展预测误差的参数对(a, b)时，仅从嵌入容量方面考虑，没有分析不同预测误差的嵌入率。Li 等的算法将 PEE 与 PVO 相结合，提出的预测器性能更好，获得的预测误差直方图更尖锐。因此，它与之前的算法相比，算法性能(图像质量)提高明显。Li 等的算法将载体图像分成大小相等的像素块(2×2 像素、3×3 像素等)，根据嵌入规则修改载体像素块的最大/最小像素值来嵌入信息。由于每个像素块最多只能嵌入 2bit，该算法的最大嵌入容量受很大限制。Ma 等通过使用多个预测器共同预测目标像素的方式构造了一个新的预测器。他在选择子预测器时没有对其性能进行甄别，以及没有对子预测器数量与预测效果的影响进行分析。该算法性能与同期算法相比，性能有所提升，但不明显。Qu 等在 Li 等工作的基础上，提出 PPVO 算法。

Qu 等的算法突破了载体像素块的限制，最大嵌入容量显著提升。另外，Qu 等提出的 PPVO 预测器在预测目标像素时，使用了更多的相邻像素($CN \in \{1, 2, \cdots, 15\}$)，预测效果更好，得到的 PEH 更尖锐，载密图像质量更好。像素复杂度选择是目前 RDH 算法为了提高性能通常使用的一种技术。Chen 等分析了预测误差与像素复杂度之间的关系，指出有一部分像素不符合这种假设关系。为了克服这方面的缺陷，他充分考虑方向特性对像素值预测的影响，提出结合方向的预测方法，使算法性能得到提升。

当嵌入负载比较小时，本书算法可以取得很好的图像质量。以嵌入负载为 10000bit 为例(表 5.2)，与 Wang 等、Li 等、Ma 等、Qu 等、Chen 等的算法相比，平均 PSNR 分别提高 5.6923dB、1.0561dB、1.7264B、0.6490dB、0.4294dB。当嵌入负载为 20000bit 时(表 5.3)，平均 PSNR 分别提高 4.1502dB、1.5479dB、1.4849dB、0.5443dB、0.3247dB。以上数据表明，本书算法在实际嵌入过程中是有效的，生成的载密图像质量更好。

表 5.2　嵌入负载为 10000bit 时算法的 PSNR　　(单位：dB)

项目	Wang 等算法	Li 等算法	Ma 等算法	Qu 等算法	Chen 等算法	本书算法
Lena	56.2529	60.7611	58.6192	60.3651	60.1842	61.2053
Baboon	50.8290	54.1505	55.4461	54.8982	56.9923	56.7943
Boat	54.8089	57.9689	57.2854	58.4592	58.2811	58.5395
Barbara	52.7950	60.3162	59.4018	60.8462	60.7902	61.4263
Airplane	55.6043	61.1691	60.9728	62.1438	62.7795	62.6731
Peppers	55.3397	59.0814	57.6996	59.1771	58.1798	59.1448
均值	54.2716	58.9078	58.2375	59.3149	59.5345	59.9639

表 5.3 嵌入负载为 20000bit 时算法的 PSNR (单位：dB)

项目	Wang 等算法	Li 等算法	Ma 等算法	Qu 等算法	Chen 等算法	本书算法
Lena	54.1051	55.9908	55.4829	56.7896	56.9966	57.6767
Baboon	—	—	—	—	51.0032	50.5015
Boat	51.6403	53.4101	53.1987	54.1904	54.1072	54.4118
Barbara	51.3874	55.5291	55.8919	56.5029	57.3222	57.4862
Airplane	53.4208	56.6491	57.3122	58.0781	59.0438	58.8922
Peppers	52.1939	54.1801	54.1881	55.2159	54.4051	55.0314
均值	52.5495	55.1518	55.2148	56.1554	56.3750	56.6997

注：部分算法不满足嵌入负载要求，表 5.3 计算均值时，不含 Baboon 图像数据信息。

本书算法优于对比算法的主要原因是在多 PEH 构造完成之后，在嵌入率矩阵中优先选择嵌入率最大元素的列对应的预测误差值进行扩展。迭代搜索满足负载要求时，所确定的参数对(a_k, b_k)在整个载体图像的视角下是最优的，此时的嵌入率也是最高的。在信息嵌入过程中，算法的嵌入率越高，引入的失真就越小，由此得到的图像质量越高。

随着嵌入负载的增大，本书算法的图像质量不如 Chen 等的好。其主要原因是 Chen 等使用的预测器的性能要优于本书算法使用的菱形预测器的性能。可以预见，如果本书算法使用 Chen 等算法的预测器，算法性能将会进一步提升。

表 5.4 给出嵌入负载为 10000bit 和 20000bit，本书算法使用 Chen 等预测器时的 PSNR。与 Chen 等的算法相比，在嵌入负载为 10000bit 和 20000bit 时，平均载密图像质量分别提高 0.6783dB 和 0.5896dB，说明本书算法根据图像内容自适应地嵌入信息减少失真是有效的。

表 5.4 本书算法使用 Chen 等预测器时的 PSNR (单位：dB)

项目	10000bit	20000bit
Lena	61.4998	57.9531
Baboon	56.7828	50.5289
Boat	58.6585	54.7649
Barbara	61.8602	57.9377
Airplane	63.0775	59.1567
Peppers	59.3981	55.0106
均值	60.2128	56.9646

注：为了与表 5.3 统一，表 5.4 计算均值时不含 Baboon 图像数据信息。

另外，在嵌入负载为 10000bit 和 20000bit 时，本书算法使用 Chen 等预测方法与使用菱形预测相比，平均载密图像质量分别提高 0.2489dB 和 0.2649dB，说明采用性能更好的预测器，可以进一步提高本书算法的性能。

若使用第 4 章构建的性能优异的预测器，本书算法性能会进一步提升。限于篇幅，这里不再给出实验数据。

本书算法在负载较小时优势更加明显。选择较小的预测误差进行扩展时，算法的嵌入效率比较低，但它能够嵌入的信息量比较大；相反，选择较大的预测误差进行扩展时，算法的嵌入效率比较高，但它能够嵌入的信息量比较少。因此，随着嵌入负载的增大，嵌入算法只能选择较小的预测误差进行扩展(此时嵌入效率较低)来嵌入信息。此时，本书算法的优势便逐渐减小。当嵌入负载最大时，参数 b_k 全为 0，这时算法的性能由预测器的性能决定。以 Lena 图像为例，M 取 16，参数 b_k 的取值如表 5.5 所示。

表 5.5 Lena 图像在不同嵌入负载下 b_k 取值($M=16$)

b_k	5000bit		10000bit		20000bit		50000bit		65000bit	
	阴影区	空白区	阴影区	空白区	阴影区	空白区	阴影区	空白区	阴影区	空白区
b_1	3	3	2	2	2	2	0	0	0	0
b_2	4	4	3	3	3	2	1	1	0	0
b_3	4	3	3	3	2	3	1	1	0	0
b_4	4	6	3	4	3	2	1	1	0	0
b_5	6	7	4	4	2	3	1	1	0	0
b_6	4	5	4	3	3	3	1	1	0	0
b_7	5	6	5	5	3	3	1	1	0	0
b_8	7	−1	6	5	3	3	1	1	0	0
b_9	−1	−1	−1	−1	4	4	1	2	0	0
b_{10}	−1	−1	−1	−1	4	4	2	1	0	0
b_{11}	−1	−1	−1	−1	7	−1	2	2	1	0
b_{12}	−1	−1	−1	−1	−1	−1	3	2	1	0
b_{13}	−1	−1	−1	−1	−1	−1	−1	−1	2	1
b_{14}	−1	−1	−1	−1	−1	−1	−1	−1	−1	5
b_{15}	−1	−1	−1	−1	−1	−1	−1	−1	−1	−1
b_{16}	−1	−1	−1	−1	−1	−1	−1	−1	−1	−1

对比算法分别提出不同的预测器，可以生成非常尖锐的 PEH。在嵌入过程中，对比算法选择预测误差为 0 或者 1 进行扩展嵌入信息。实际上，不同的预测误差对应的嵌入效率是不同的，0 或者 1 对应的嵌入效率并不一定是最大。因此，在嵌入容量较小时，结合像素选择，选择 0 或者 1 对应的像素嵌入信息，得到的图像质量不一定是最优的。

目前，提高算法性能的主流观点是提高预测器的预测准确性，很少有学者从嵌入率的角度分析算法的性能。优先选择嵌入效率最大的预测误差进行扩展嵌入信息(在满足嵌入负载的前提下)，能够减少失真的引入量，获得最优图像质量(PSNR)。

5.4 本章小结

本章提出一种基于 MHM 的最优嵌入率 RDH 算法。算法在构造多直方图的同时生成一个嵌入率矩阵，矩阵的行号对应多直方图的序号，列号对应多直方图中预测误差对应的嵌入率。在嵌入率矩阵中，依次搜索若干个较大值，进行迭代，直到其对应的预测误差频数大于等于嵌入负载。

传统的基于多直方图的算法，结合像素局部复杂度，通过穷举每个子直方图嵌入信息的可能的取值，选择引入失真最小的参数组合为整个算法的最终参数。这样做存在两方面的缺点，一是显著增加了计算量，二是像素选择存在预测误差与复杂度不一致的情形，有可能在信息嵌入过程中增加失真量。在搜索过程中，本书算法每次搜索嵌入率矩阵的最大值，因此最终确定若干个扩展嵌入的 bin。算法在整体上的嵌入率是最优的，秘密信息嵌入完毕之后引入的失真量最小，得到的载密图像质量(PSNR)最好。

本章算法的核心是根据图像内容自适应嵌入，结合性能优异的预测器可以进一步提高算法的性能。在实验分析部分，算法通过使用不同的预测器(菱形预测器和 Chen 等算法的预测器)对该问题进行分析说明。第 4 章算法与本章算法的结合表明，载密图像质量将进一步得到改善。

另外，在实验中，M 取值 16，这只是为了一般性地说明。在未来的工作中，研究 M 取值大小与算法性能之间的关系是值得研究的一个问题。

第6章 基于图像分块的密文域可逆信息隐藏算法

RDH采用特定算法嵌入信息，在图像恢复时可使信息隐藏对图像造成的畸变完全消除，实现载体图像完全复原。密文域图像RDH是在RDH基础上，结合传统加密技术，以需要加密传输的图像为载体实现RDH。运用RDH技术保护核心机密，利用加密技术掩蔽载体内容，广泛应用于隐秘环境下的军事通信、信息传输、文件管理、远程医疗、云计算等领域。从本章开始，我们将从图像分块、像素差值、压缩编码三个角度对图像密文域RDH算法展开讨论。

基于图像分块的密文域RDH算法往往存在计算复杂且隐藏容量不高等问题。2017年，Agrawal等[168]提出基于像素均值的密文域RDH算法，其采用按行(列)分块的方式，运算规则简便，运行速度在同类算法中遥遥领先，引起研究人员的高度重视，但算法隐藏容量十分有限。本章以隐藏容量为先，同时兼顾提升算法运行效率，提出一种新的密文域RDH算法。

6.1 基于像素均值的密文域可逆信息隐藏算法

为了简化密文域RDH算法的计算复杂度，Agrawal利用模加运算提出基于均值的密文域图像RDH算法。该算法将图像中每行(列)分为一块，计算块中所有像素的均值，并用该均值替换某个像素，用以恢复载体图像。然后，采用伪随机序列异或运算加密，解密与信息提取操作类似。图像恢复操作需要计算信息嵌入后新的均值，结合所嵌比特类型即可无损恢复原始图像。由于分块方式简便，采取的运算规则也比较单一，因此算法的运行速度很快。

该方案包括计算均值、图像加密、信息隐藏、图像解密、信息提取、图像恢复。基于像素均值的密文域RDH算法流程如图6.1所示。

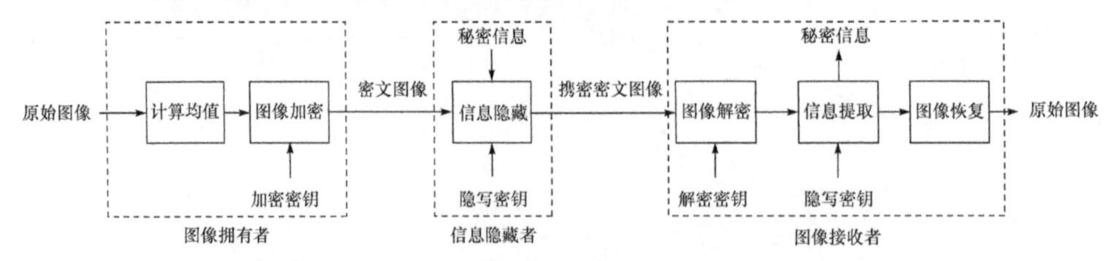

图6.1 基于像素均值的密文域RDH算法流程

原始图像(8bit 灰度图像)尺寸规格为 $M\times N$，因此灰度像素值的取值范围为[0,255]。该算法利用灰度图像像素值的取值范围将原始灰度图像中所有像素按照顺序以每 256 个像素分为一组，然后执行以下步骤。

Step1：求取组内像素均值。计算每组 256 个像素的均值 A，并以此替换组内第一个像素，在此后的操作中保留此均值。

Step2：图像加密阶段。生成一个长度为 $M\times N$ 的伪随机序列。与每个像素组内除组均值外的所有像素进行加法运算，为保证加法运算后的结果满足灰度图像的取值范围，在加法运算之后执行模 256 运算。运算完成后，生成密文图像。

Step3：信息隐藏阶段。读取一段二进制秘密信息比特，根据秘密信息比特的类型对组内所有像素进行操作。嵌入比特 1 则像素值加 1，嵌入比特 0 则像素值保持不变，保留组均值不参与运算。对组内所有像素执行相同操作，直至嵌入所有秘密信息。

Step4：图像解密操作。图像接收者获得携密密文图像时，同样将每 256 个像素分为一组。组内第一个像素为均值，不参与加密操作和信息隐藏操作。读取与加密时相同的伪随机序列，将所有可操作像素与对应的伪随机数做减法即可将图像内容解密。虽然嵌入操作时组均值替换了原始像素，但是每个像素组内所有可操作像素的修改量最大为 1，因此此时解密图像质量与原始图像质量差异不是特别显著。

Step5：信息提取。在解密图像组内，重新计算新的组内均值 B。根据原均值 A 和新均值 B 的关系可以计算出该像素组内嵌入的秘密信息比特类型。

若嵌入比特为 0，嵌入后组内所有像素值保持不变，则两个均值 A 与 B 之间的差异只来自求均值运算。记被原始均值 A 替换的像素值为 B，则 $B=A+\frac{A-l_{11}}{256}$，或 $B=\frac{257A}{256}-\frac{l_{11}}{256}$。由于 l_{11} 表示 8bit 灰度图像的一个像素值，因此 $l_{11}\in[0,255]$。当 $l_{11}=0$ 时，$B=\frac{257A}{256}$；当 $l_{11}=255$ 时，$B=\frac{257A}{256}-\frac{255}{256}$。

B 的取值范围为

$$B\in\left[\frac{257A}{256}-\frac{255}{256},\frac{257A}{256}\right] \tag{6.1}$$

若嵌入比特为 1，根据嵌入规则，组内除均值外的所有像素值加 1。因此，两个均值的差异来自两个部分，组内均值运算和加 1 运算。计算结果为

$$B=A+\frac{A-l_{11}}{256}+\frac{255}{256}=\frac{257A}{256}-\frac{l_{11}}{256}+\frac{255}{256} \tag{6.2}$$

同样，当 l_{11} 分别取 0 和 255 的时候，B 的取值区间为

$$B \in \left[\frac{257A}{256}, \frac{255}{256} + \frac{257A}{256} \right] \tag{6.3}$$

综上，判决嵌入像素组内秘密比特类型的方法为

$$\begin{cases} B \in \left[\dfrac{257A}{256} - \dfrac{255}{256}, \dfrac{257A}{256} \right], & w_i = 0 \\ B \in \left[\dfrac{257A}{256}, \dfrac{255}{256} + \dfrac{257A}{256} \right], & w_i = 1 \end{cases} \tag{6.4}$$

Step6：图像恢复。根据组内嵌入秘密比特的类型，进行像素值恢复。若嵌入比特为 0，则所有像素值保持不变；若嵌入比特为 1，则对除均值外的所有像素值减 1。

在初始计算均值时，像素组内第一个像素的值被组均值替换。此时，组内其余像素均已完全恢复，因此用原始均值乘以 256 减去其余 255 个像素求和的差即原始被替换的像素。

Agrawal 算法对像素固定分组求取均值，利用伪随机序列加密图像，采用加法运算嵌入秘密信息。整体计算过程十分简便，但是仍然存在一些不足，主要体现在以下两个方面。

① 隐藏容量十分有限。根据算法原理，256 个像素组成一个基本操作单元，每组只能嵌入 1bit 秘密数据。以 1 幅 512×512 像素的灰度图像为例，按照此算法只能分为 1024 个像素组，隐藏容量只有 1024bit，因此容量远达不到实现远程图像多种管理功能的应用需求。

② 信息提取和图像解密操作不可分离。从实现过程来看，图像接收者必须先解密才能执行信息提取与图像恢复操作，图像未经解密无法提取信息。这在实际应用中会极大地影响管理操作的灵活性。

6.2　自适应块参照值的密文域可逆信息隐藏算法

在基于分块的密文域 RDH 算法中，制约隐藏容量的因素主要有两个，即分块方式和单图像块信息嵌入率。而分块方式主要体现在分块大小与分块数量两方面。若算法的隐藏容量与像素个数无关，在嵌入算法保持不变的情况下，算法的隐藏容量和分块数量成正比。

根据以上原理，本节结合图像分割技术，针对 Agrawal 算法容量不大的缺陷进行改进，提出一种新的密文域 RDH 算法。由于 Agrawal 算法中分块方式过于简便，极大地制约了隐藏容量，本节将图像按照四叉树分割的方式按照局部内容特征进行自适应分块。灰度图像高位信息包含大部分内容信息，为实现可分离性，

将图像块分为高位与低位两部分。高位部分进行加密操作，低位部分计算均值，进行信息隐藏以嵌入秘密信息。为保证算法的运算简便性，采取伪随机序列加密生成密文图像。嵌入信息时，同样采取加法运算在每个像素块中嵌入信息。

6.2.1　算法流程

自适应块参照值密文域 RDH 算法流程如图 6.2 所示。

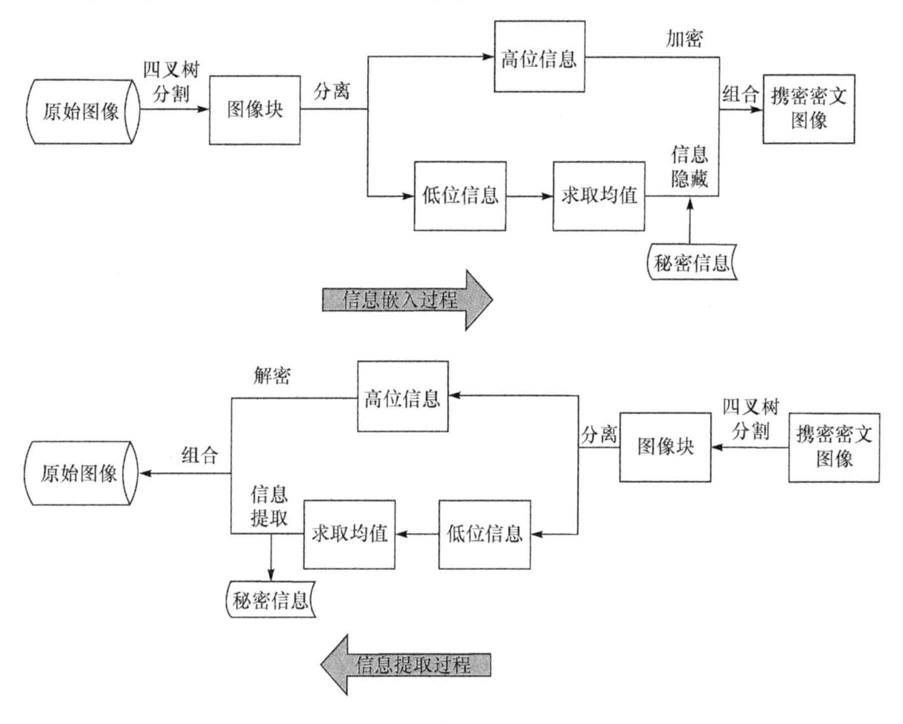

图 6.2　自适应块参照值密文域 RDH 算法流程图

四叉树分割的方式首先将明文图像分块，然后将图像块依据不同的大小进行模运算，划分为低位信息块和高位信息块。加密高位信息块通过加法运算在低位嵌入秘密信息。图像接收者按照同样的方式对含密密文图像分块后在不同的功能子块上执行逆操作即可解密图像，提取秘密信息。

6.2.2　实现过程

Step1：图像分割与块分离。

四叉树算法是 Fisher[222]提出的一种图像分割方案。该方法不同于传统的固定分块方式，能够根据局部特征将图像自适应分割为大小可变的图像块。在信息隐藏算法中应用四叉树分割，能够将图像内容动态自适应地分块，提升算法的实用性[223,224]。根据四叉树分割原理，被分割的图像必须是正方形图像，并且边长为 2 的整数次幂。

分割过程如下：读取一幅图像矩阵，测出其尺寸规格，标记为$M \times N$，定义分割阈值$\varepsilon \in [0,1]$。执行四叉分解时，将图像分为 4 个子块，求出块中像素最值差δ并作为参数，执行阈值判断。若$\delta > \varepsilon \times 255$，则对该块进行二次分解。对所有子块循环迭代分解操作，满足终止条件或子块达到预先设定的最小块时终止迭代。分解结束后，若相邻子块的并集满足阈值条件，将相邻子块合并，直至不能合并。分割后的图像块根据图像内容特征的不同有四种尺寸规格，分别为2×2像素、4×4像素、8×8像素和16×16像素。

经四叉树分割，记图像块总数为p。保留分割方式作为索引。所有的图像块表示为$L_1, L_2, \cdots, L_p$。取出一个图像块$L_t, t \in [1, p]$，测出其大小为$m \times n$，计算块中像素数量S_t。根据四叉树分割要求，块像素数量S_t为 2 的整数次幂，即$\log_2 S_t = z, z = 2, 3, \cdots, 8$。将块中像素按照不同的功能需求分为大小均为$m \times n$的两部分子图像块$L_{t1}$和$L_{t2}$，计算方法为

$$L_{t2} = L_t \bmod S_t \tag{6.5}$$

$$L_{t1} = L_t - L_{t2} \tag{6.6}$$

L_{t1}和L_{t2}分离的临界点由块像素数量S_t决定。L_{t1}为像素中高位信息块，此部分含有载体图像块的绝大部分特征信息，因此后续对此部分子块进行加密可以遮蔽图像内容。L_{t2}代表L_t以S_t为参数进行模运算的结果，为低位信息块，对此部分子块执行信息嵌入操作。特别的，当$z = 8$时，即块中像素总数为 256，算法与 Agrawal 算法执行过程相同。

Step2：图像加密。

灰度图像像素范围为[0,255]，由于图像块的每个像素用 8bit 二进制序列表示。为了简化运算，使用伪随机数生成器(pseudo random number generation，PRNG)生成长度为$M \times N$的伪随机数序列R，取值范围为[0,255]。将高位信息块与对应等长伪随机序列相加后获得加密图像。为保证高位信息块的变化复原过程不受低位信息块影响，高位信息块要始终保持能够整除S_t。本节将伪随机序列与S_t相乘后再加密。密文数$E_{t1}(i,j)$为

$$E_{t1}(i,j) = (L_{t1}(i,j) + S_t \times R_t(v)) \bmod 256 \tag{6.7}$$

进行模 256 运算是为了避免像素溢出，$R_t(v)$代表伪随机序列R中与子图像块L_{t1}对应的长度为S_t的伪随机数序列，因此密文数$E_{t1}(i,j)$也是伪随机数。目前尚未发现行之有效的概率多项式算法能够区分伪随机序列和随机序列[225]，因此可以认为使用伪随机数的加法模运算加密算法是安全的。保留此部分加密图像块以

便后续生成携密密文图像。

Step3：参照值计算及秘密信息嵌入。

计算 L_{t2} 中像素均值，作为参照值 A_{t2}，以此参照值替换块中左上方第一个值 $L_{t2}(1,1)$。该参照值将作为秘密信息提取和图像恢复的关键保留。替换完成后，生成待加密图像块 J_{t2}。

将秘密信息转换为二进制比特序列 W。定义 w_t 是 W 中将要嵌入子图像块 J_{t2} 的秘密比特。除参照值 A_{t2} 外，将块内所有像素与 w_t 相加后进行模运算即可完成嵌入操作。对所有的图像子块进行操作，生成携密子图像块 C_{t2}。此时将保留的加密子图像块 L_{t1} 和携密子图像块 C_{t2} 组合，即可获得携密密文图像块 C_t。遍历所有的图像块，进行同样的操作，生成携密密文图像 C 传输给图像接收者。

Step4：图像解密。

图像接收者收到图像 C，首先按照加密前四叉树分割时生成的索引再次分割，生成 p 个图像块 $Q_1,Q_2,\cdots,Q_p$。图像块 Q_t 按照式(6.5)和式(6.6)中的方法分为两个子块 Q_{t1}和Q_{t2}。

对子块 Q_{t1} 执行解密操作，根据密钥生成相同的伪随机序列 R，然后按式(6.8)执行解密操作，生成解密子图像块 D_{t1}，即

$$D_{t1}(i,j)=(Q_{t1}(i,j)-S_t\times R_t(v)) \bmod 256 \tag{6.8}$$

Step5：秘密信息提取。

在块 $Q_{t2},t\in(1,p)$ 中，重新计算块参照值 B_{t2}。这可以分两种情形进行秘密信息提取。

情形一：嵌入的秘密数据为 1。

根据嵌入规则，当子图像块中嵌入比特 1 时，除 A_{t2} 以外的其余像素值会增大 1，解密图像块参照值 B_{t2} 与原参照值 A_{t2} 会产生差异。这种差异来自两部分，一部分是块中原始像素二次求均值产生的差异，另一部分是除参照值外其余像素值加 1 产生的差异。具体表示为

$$B_{t2}=A_{t2}+\frac{A_{t2}-L_{t2}(1,1)}{S_t}+\frac{S_t-1}{S_t} \tag{6.9}$$

其中，$L_t(1,1)\in[0,S_t-1]$，表示原图像块中左上角第一个像素。

因此，考虑极限状况，当 $L_{t2}(1,1)=0$ 时，B_{t2} 为

$$B_{t2}=\frac{S_t+1}{S_t}A_{t2}+\frac{S_t-1}{S_t} \tag{6.10}$$

当 $L_{t2}(1,1)=S_t-1$ 时，B_{t2} 为

$$B_{t2}=\frac{S_t+1}{S_t}A_{t2} \tag{6.11}$$

因此，可以得出式(6.12)，即

$$B_{t2}\in\left(\frac{S_t+1}{S_t}A_{t2},\frac{S_t+1}{S_t}A_{t2}+\frac{S_t-1}{S_t}\right) \tag{6.12}$$

情形二：嵌入的秘密数据为 0。

由于嵌入比特 0 时，块中像素没有发生变化，参照值 B_{t2} 与 A_{t2} 的差异只来自块中像素二次求参照值的计算过程。结合式(6.9)，此时 B_{t2} 的取值范围为

$$B_{t2}\in\left(\frac{S_t+1}{S_t}A_{t2}-\frac{S_t-1}{S_t},\frac{S_t+1}{S_t}A_{t2}\right) \tag{6.13}$$

综上，按式(6.14)和式(6.15)计算含密子图像块 Q_{t2} 中参照值 B_{t2} 的取值范围，即可判断出嵌入块中的秘密数据类型并提取，即

$$B_{t2}\in\left(\frac{S_t+1}{S_t}A_{t2}-\frac{S_t-1}{S_t},\frac{S_t+1}{S_t}A_{t2}\right),\quad w_i=0 \tag{6.14}$$

$$B_{t2}\in\left(\frac{S_t+1}{S_t}A_{t2},\frac{S_t+1}{S_t}A_{t2}+\frac{S_t-1}{S_t}\right),\quad w_i=1 \tag{6.15}$$

模运算可能出现 0 值，这些 0 值会导致 B_{t2} 缩小。此时，令 $B_{t2}=B_{t2}+x$，其中 x 代表 Q_{t2} 中 0 的个数，再执行判断。根据秘密数据类型，对 Q_{t2} 中除参照值之外的像素进行逆运算，可以得到待恢复图像块 K'_{t2}。

与情形一类似，寻找 B_{t2} 与 A_{t2} 的关系。由于嵌入 0 时，块中像素没有变化，因此前后块参照像素的差异只来自自身，即

$$B_{t2}=A_{t2}+\frac{A_{t2}-L_{t2}(1,1)}{S_t} \tag{6.16}$$

$$B_{t2}=\frac{S_t+1}{S_t}A_{t2}-\frac{L_{t2}(1,1)}{S_t} \tag{6.17}$$

同样，考虑 $L_{t2}(1,1)$ 取 0 和 S_t-1 时，可计算得出 B_{t2} 的取值范围，即

$$B_{t2}\in\left(\frac{S_t+1}{S_t}A_{t2}-\frac{S_t-1}{S_t},\frac{S_t+1}{S_t}A_{t2}\right) \tag{6.18}$$

综上，按照式(6.19)和式(6.20)判断含密子图像块 Q_{t2} 中参照值 B_{t2} 的取值范围，可以提取嵌入的秘密数据，即

$$B_{t2}\in\left(\frac{S_t+1}{S_t}A_{t2}-\frac{S_t-1}{S_t},\frac{S_t+1}{S_t}A_{t2}\right),\quad w_i=0 \tag{6.19}$$

$$B_{t2} \in \left(\frac{S_t+1}{S_t} A_{t2}, \frac{S_t+1}{S_t} A_{t2} + \frac{S_t-1}{S_t} \right), \quad w_i = 1 \tag{6.20}$$

此处模运算可能出现0值。这些0值会导致B_{t2}缩小。因此，令$B_{t2} = B_{t2} + x$，其中x代表Q_{t2}中0的个数，如此补偿0值造成的计算精度损失。执行判断，根据秘密数据类型对Q_{t2}中除参照值之外的像素进行逆运算，可以得到待恢复图像块K'_{t2}。

Step6：载体图像恢复。

恢复载体图像时，除参照值外的像素已在秘密信息提取的同时恢复，仅需要按式(6.21)恢复被参照值替换的值$L_{t2}(1,1)$，即

$$L_{t2}(1,1) = \text{round}\left[A_{t2} \times S_t - \left(\sum_{i=1}^{m} \sum_{j=1}^{n} K'_{t2}(i,j) - A_{t2} \right) \right] \tag{6.21}$$

其中，round表示四舍五入求整；m、n表示图像块的尺寸。

以这种方式遍历所有的子图像块即可恢复所有被替换的值得到恢复图像块K_{t2}，且恢复过程不会发生错误。组合恢复图像块K_{t2}和解密图像块D_{t1}可以得到无损恢复的载体图像。

观察算法整体执行过程可以发现，由于图像块分解只负责加密操作和只负责嵌入操作的两个子图像块，因此子图像块间的操作互不相关。图像接收者可以根据不同的权限获取相应的内容，实现算法加密和嵌入、解密和提取操作的分离。

对于一幅8bit灰度图像，图像内容的大部分细节特征体现在高位信息上。低位信息如噪声一般，仅含有很小一部分的图像内容。因此，将灰度图像分为高位信息与低位信息两部分，对高位信息进行数学运算以加密图像内容，保护用户隐私，在低位信息上嵌入秘密信息。融合两个部分可以获得加密的含密密文图像。由于加密操作和信息隐藏操作对应的是载体图像中完全独立的两部分，因此图像接收者可根据不同的权限对携密密文图像的不同部分进行操作以获取图像内容或者提取秘密信息。

6.2.3 实例演示

本节以一个实例演示算法执行过程，取一个大小为2×2像素的图像块，此时$S_t = 4$。图6.3给出了算法嵌入比特0的过程。与此对称，图6.4给出了在图6.3嵌入之后提取比特0的过程。

如图6.3所示，读取经四叉树分割的大小为2×2像素的原始图像块$L_t = \begin{bmatrix} 53 & 52 \\ 46 & 51 \end{bmatrix}$，按照式(6.5)和式(6.6)分离为两部分，即$L_{t1} = \begin{bmatrix} 52 & 52 \\ 44 & 48 \end{bmatrix}$和$L_{t2} = \begin{bmatrix} 1 & 0 \\ 2 & 3 \end{bmatrix}$。

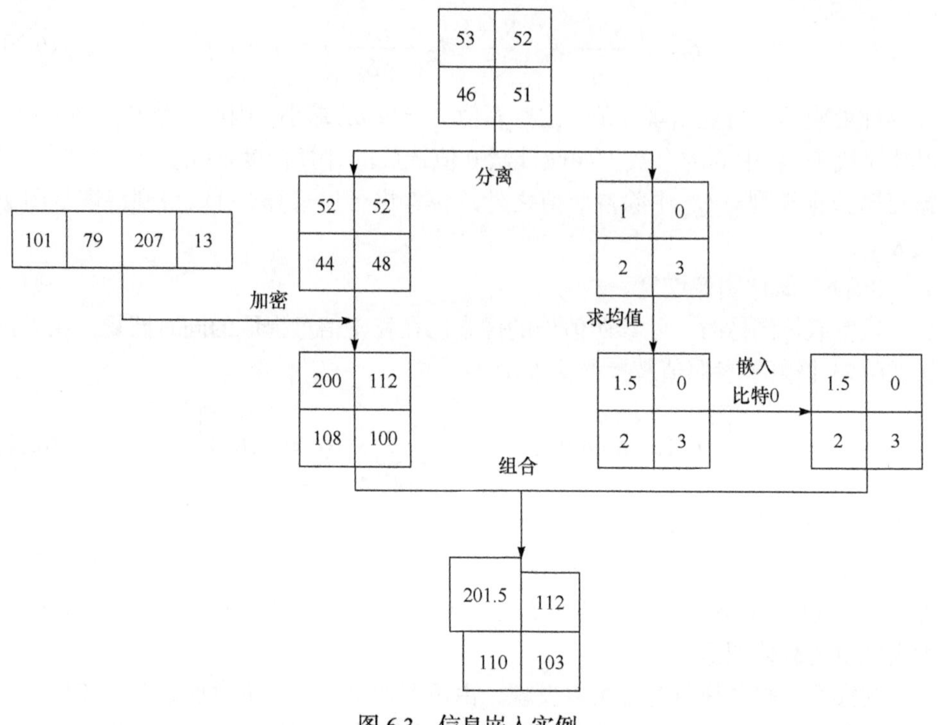

图 6.3　信息嵌入实例

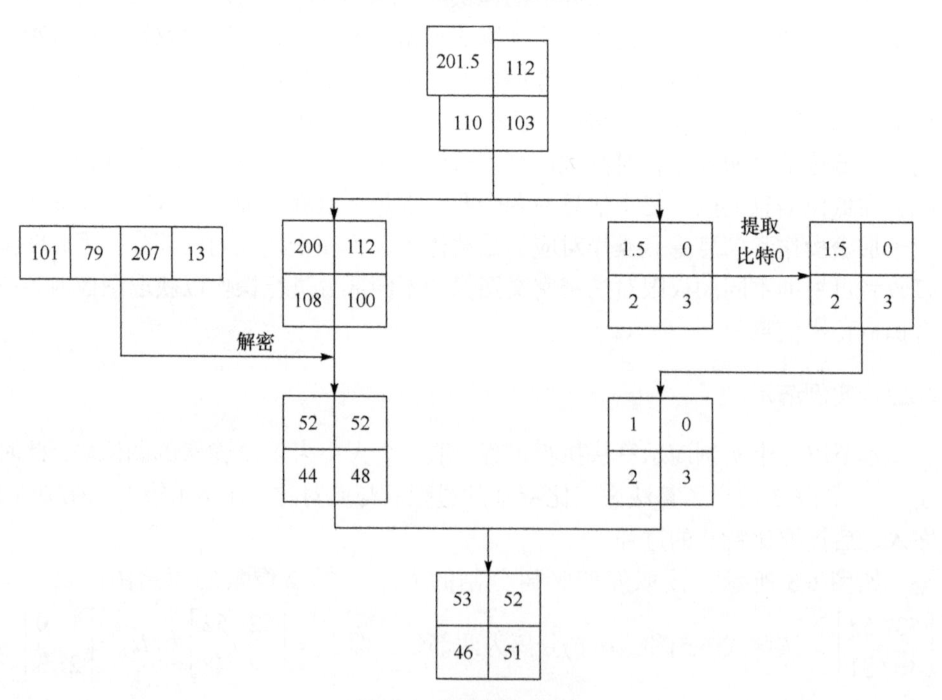

图 6.4　信息提取实例

1. 加密操作

读取对应的伪随机序列$[25,20,52,3]$，按照式(6.5)用于加密的序列，与L_{t1}相加进行模运算可得$E_{t1}=\begin{bmatrix}200 & 112\\108 & 100\end{bmatrix}$。

2. 嵌入秘密信息

在L_{t2}中，按$A_{t2}=1.5$，计算可得$J_{t2}=\begin{bmatrix}1.5 & 0\\2 & 3\end{bmatrix}$，若嵌入秘密比特 0，可得$C_{t2}=\begin{bmatrix}1.5 & 0\\2 & 3\end{bmatrix}$，与$E_{t1}$相加，可得$C_t=\begin{bmatrix}200.5 & 112\\110 & 103\end{bmatrix}$。

3. 图像解密

如图 6.4 所示，按照同样的四叉树分割方式，图像接收者$C_t=\begin{bmatrix}200.5 & 112\\110 & 103\end{bmatrix}$，可分离为$Q_{t1}=\begin{bmatrix}200 & 112\\108 & 100\end{bmatrix}$和$Q_{t2}=\begin{bmatrix}1.5 & 0\\2 & 3\end{bmatrix}$，$Q_{t1}$减去对应的伪随机序列的加密部分，可得$D_{t1}=\begin{bmatrix}52 & 52\\44 & 48\end{bmatrix}$。

4. 秘密信息提取与恢复图像块

对$Q_{t2}=\begin{bmatrix}1.5 & 0\\2 & 3\end{bmatrix}$计算新的参照值$B_{t2}=1.625$。由于$A_{t2}=1.5$，按照式(6.18)计算判断区间$(1.125,1.875),(1.875,2.625)$，可以提取出秘密信息 0。由于嵌入比特为 0，待恢复图像块$K'_{t2}=Q_{t2}\bmod 4=\begin{bmatrix}1.5 & 0\\2 & 3\end{bmatrix}$。

若嵌入的秘密比特为 1，则$C_{t2}=\begin{bmatrix}1.5 & 1\\3 & 0\end{bmatrix}$，图像接收者$Q_{t2}=\begin{bmatrix}1.5 & 1\\3 & 0\end{bmatrix}$，$B_{t2}=1.375$。此时由于出现 0 值，因此令$B_{t2}=B_{t2}+1=1.375+1=2.375$，可以判断出所嵌秘密比特为 1。进行逆运算可得$K'_{t2}=\left(Q_{t2}-\begin{bmatrix}0 & 1\\1 & 1\end{bmatrix}\right)\bmod 4=\begin{bmatrix}1.5 & 0\\2 & 3\end{bmatrix}$。

计算被替换值$L_{t2}(1,1)=1$，替换可得$K_{t2}=\begin{bmatrix}1 & 0\\2 & 3\end{bmatrix}$，与$D_{t1}=\begin{bmatrix}52 & 52\\44 & 48\end{bmatrix}$组合，可

得恢复图像块 $L_t = \begin{bmatrix} 53 & 52 \\ 46 & 51 \end{bmatrix}$。

综上，算法可以实现信息的嵌入与准确提取，保证载体的可逆恢复。

6.3 实验分析

本节通过实验对算法性能进行验证。实验所用的计算机搭载 8 核 Intel Core i7-6700HQ CPU，主频 2.60Ghz，内存 8GByte，配备 NVIDIA Geforce GTX965M 独立显卡，4GByte 显存。以 MATLAB 2014 为实验测试软件平台，大小为 512×512 像素的标准灰度测试图为例，同时与文献[160]，[168]中的算法对比，检验算法的各项性能。

图 6.5 列举了 MATLAB 常用的 5 幅灰度测试图像，均来自标准灰度图像测试库。本书后续章节实验分析大多以这些图像为测试范例。本章实验选取前四幅图像作为样本。

Lena
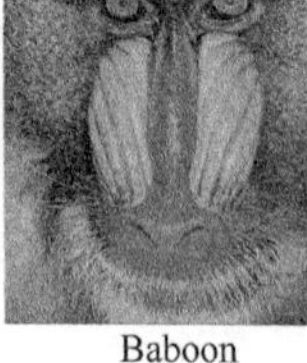
Baboon

Jet

Goldhill

Peppers

图 6.5 实验用灰度测试图像

图 6.6(a)为原始图像。图 6.6(b)为嵌密完成发送给图像接收者的含密密文图像，原始图像内容已经被隐藏，无法直接获取。图 6.6(c)为按照恢复流程复原的图像，从视觉上看，与原始图像没有明显区别。

通过与文献[160]，[168]对比，我们进一步验证算法的可逆性，在嵌入等量秘密比特时对比复原图像和原始图像的 PSNR。算法可逆恢复图像 PSNR 对比如表 6.1 所示。

据式(6.5)与式(6.6)中 PSNR 的计算方法可以看出，对比的两幅图像质量越接近，PSNR 数值越高，当完全相同时，PSNR 数值为无穷大。由于仿真环境没有噪声干扰，因此完全可逆的算法恢复出的图像在理论上可以达到与原始图像完全相同的质量。如表 6.1 所示，本书算法保留了文献[168]完全可逆的特性。文献[160]虽然具有较高的 PSNR，视觉上难以发觉，但不是真正意义上可逆的信息隐藏。

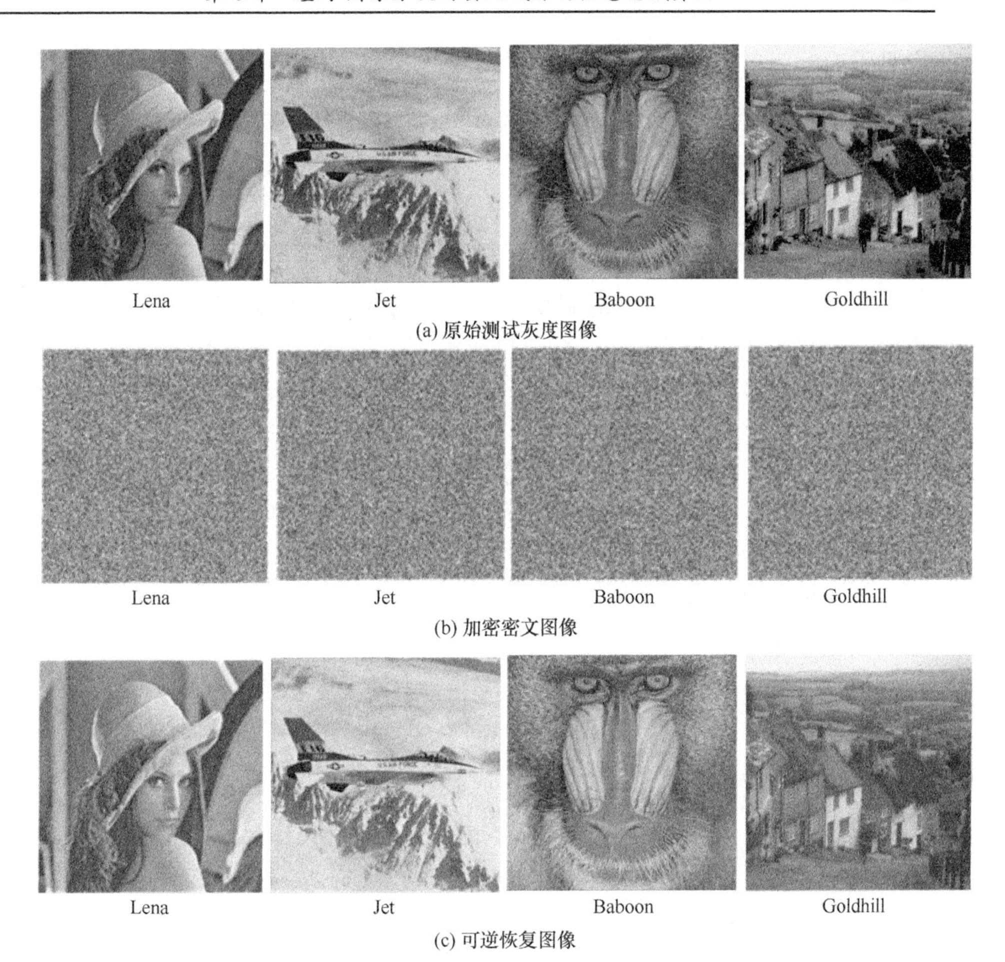

图 6.6　加密及可逆性测试

表 6.1　算法可逆恢复图像 PSNR 对比　(单位：dB)

算法	Lena	Jet	Baboon	Goldhill
本书算法	∞	∞	∞	∞
文献[160]算法	65.08	62.3	47.09	61.99
文献[168]算法	∞	∞	∞	∞

6.3.1　隐藏容量分析

根据 6.2.2 节嵌入规则可知，影响算法隐藏容量的核心是图像块的个数。图像分块方式直接决定图像块的个数。上述过程能确保顺利执行信息隐藏的过程的图像分块类型有四种。若以这四种类型固定分块大小，不同分块大小与算法隐藏容量对应关系如表 6.2 所示。

表 6.2 不同分块大小与算法隐藏容量对应关系

分块大小/像素	2×2	4×4	8×8	16×16
隐藏容量/bit	65536	16384	4096	1024

在嵌入过程中，本书算法的每个图像块均可嵌入 1bit 秘密信息，因此在算法采取 2×2 像素的分块方式时，分块数最多，隐藏容量达到最大值。对图像全局采取16×16 像素的尺寸进行分块时，算法执行过程与文献[168]完全相同，此时隐藏容量最小。

固定的分块方式不依赖载体图像内容特性。在不同的载体图像下，隐藏容量不会发生变化，但是固定的分块方式容易被破解。基于四叉树分割的分块方法，隐藏容量介于固定分块方式最大值与最小值之间。在没有分割索引的情况下，很难获得图像的分块布局，同时也增大了破解嵌入信息的难度，在一定程度上提升算法的安全性。

执行四叉树分割时，不同的参数会导致分块数量产生差异。图 6.7 所示为不同参数下 Lena 图像的四叉树分割效果。可以看出，四叉树分割很好地利用了原图的纹理特征，在平滑区域分块较大，纹理区域分块较小。同样，以四幅测试图为例，算法嵌入率对比如表 6.3 所示。

(a) 原始图像

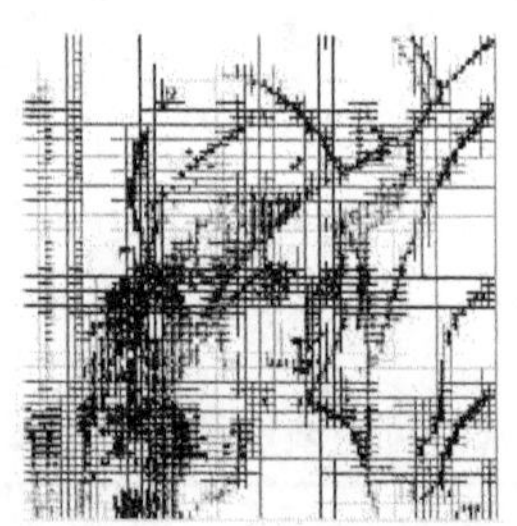

(b) ε=0.2，dim=2分割效果

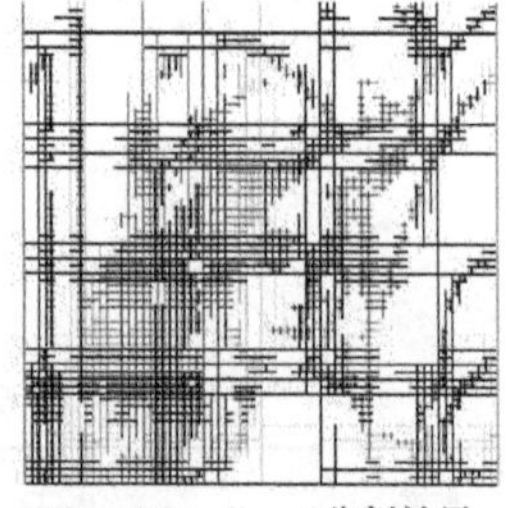

(c) ε=0.2，dim=4分割效果

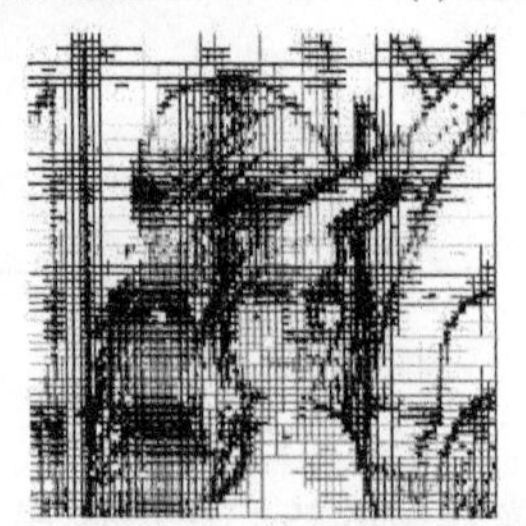

(d) ε=0.1，dim=2分割效果

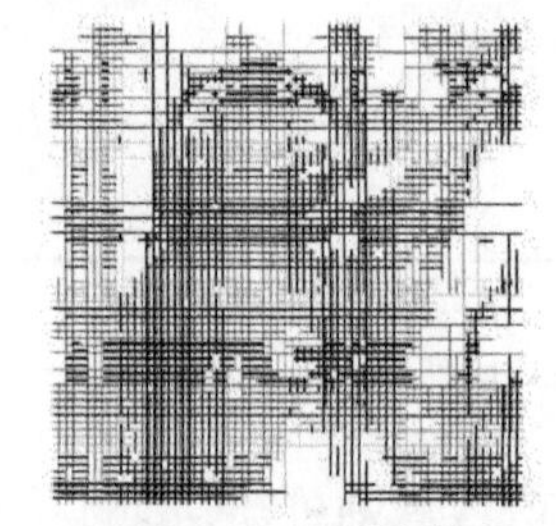

(e) ε=0.1，dim=4分割效果

图 6.7 不同参数下 Lena 图像的四叉树分割效果

表 6.3　算法嵌入率对比　(单位：bit/pixel)

图像	ε=0.1		ε=0.2		文献[168]
	dim=2	dim=4	dim=2	dim=4	
Lena	0.0918	0.0375	0.0494	0.0245	0.0039
Jet	0.0907	0.0331	0.0592	0.0257	0.0039
Baboon	0.2105	0.0605	0.1566	0.0503	0.0039
Goldhill	0.1404	0.0529	0.0635	0.0328	0.0039

如表 6.3 所示，本书算法在选定参数下具有更高的嵌入率。在四幅测试图像中，Baboon 图像在 ε=0.1,dim=2 时嵌入率最高；在分割参数为 ε=0.2,dim=4 时，Lena 图像的嵌入率最低(0.0245bit/pixel)，但是与文献[168]算法的嵌入率 0.0039bit/pixel 相比，仍然高出一个数量级。这是由于文献[168]采取固定的像素组长度 256，本节根据图像内容特征采取四叉树分割，分块大小不是固定长度，分块数大大增加，从而大幅度提升隐藏容量。同时，在同一幅图像中，若分割阈值 ε 选取越小，最小块参数 dim 越小，则图像分割越细致，算法嵌入率越高。在不同的图像中，纹理丰富的图像细节特征较多，执行分割后的小尺寸的图像块数量较多，隐藏容量更大。

6.3.2　时间复杂度分析

简便快捷的算法能极大地提升实际应用效率，算法的运行时间就是一个直观、客观的评价指标。本书测试算法运算时间不考虑信道中传输的时间，主要分析分块方式、嵌入信息数量等算法主观因素对运行时间的影响。

1. 分块方式影响

在嵌入 1024bit 秘密信息时，分析不同分块方式下算法运行时间，针对不同的分块方式，每幅图像测试 10 次，取平均值后记录。表 6.4 所示为不同分块大小下算法运行时间。

表 6.4　不同分块大小下算法运行时间　(单位：s)

图像	2×2 像素	4×4 像素	8×8 像素	16×16 像素
Lena	0.1590	0.1242	0.0966	0.0697
Jet	0.1645	0.1316	0.0989	0.0742
Baboon	0.1638	0.1321	0.1002	0.0791
Goldhill	0.1606	0.1293	0.0985	0.0759

可以看出，在分块大小为16×16像素时，算法运行时间最短。由于嵌入的信息不变，所有分块方式在信息隐藏过程中不会产生额外的运算开销。随着分块尺寸变小，数量增多，算法运行时间逐渐增大。理论上，本书改进算法的运行时间应介于最大值与最小值之间。表 6.5 列出了嵌入 1024bit 信息时改进算法与文献[160]，[168]运行时间对比。

表 6.5　各算法平均运行时间对比　(单位：s)

图像	ε=0.1		ε=0.2		文献算法[160]	文献算法[168]
	dim=2	dim=4	dim=2	dim=4		
Lena	1.2750	0.7169	0.8342	0.6634	0.9946	0.0700
Jet	1.0917	0.8804	0.7911	0.4570	0.8781	0.0805
Baboon	1.6786	0.9924	1.3094	0.8599	0.8690	0.0734
Goldhill	1.2027	0.8728	0.6147	0.5509	0.8698	0.0663

在运行时间上，文献[168]算法具有绝对优势，平均用时仅 0.0691 秒：文献[160]在不同图像上耗时差距不大，平均用时 0.9044s。本书算法运行时间波动较大，平均用时 0.9244s，高出文献[168]算法一个数量级。根据图像内容的不同进行自适应四叉树分割预处理时，分割完成后还需要对属性相近的区域进行合并，会加大运算开销。若综合考虑隐藏容量与运行时间，选择参数 ε=0.2，dim=2 。此时，平均用时为 0.8873s，优于文献[160]。

2. 嵌入信息数量影响

对同样的测试图像，客观测试环境不变时，由于嵌入信息数量的增大，算法耗时必然增大。分析嵌入信息数量对算法运行效率具体影响作用。在参数 ε=0.1、dim=2 时，以四幅测试图像中嵌入率最高的 Baboon 图像为例，逐步增大嵌入信息的数量，统计算法平均耗时。

如图 6.8 所示，当嵌入信息量增大至 2048bit、4096bit 时，算法运行耗时与嵌入 1024bit 时差距不大，当嵌入量增至 8192bit 时，算法耗时开始逐步增大。由 6.2.1 节算法流程可知，加密操作与信息嵌入操作并行，解密操作与信息提取操作并行。在嵌入信息较小时，信息嵌入操作运行很快，加密操作耗时较长，解密与信息提取操作与之类似。加密操作针对所有的图像块均需要加密，而信息嵌入与提取只需要根据比特数量在部分图像块中进行操作。此时算法运行耗时差距很小。图 6.8 中前半段折线较为平缓。当信息嵌入量增大时，信息隐藏阶段耗时超过加解密阶段，而信息隐藏阶段的耗时使嵌入的信息量不断增大，因此图 6.8 中后半段折线跃升很快。

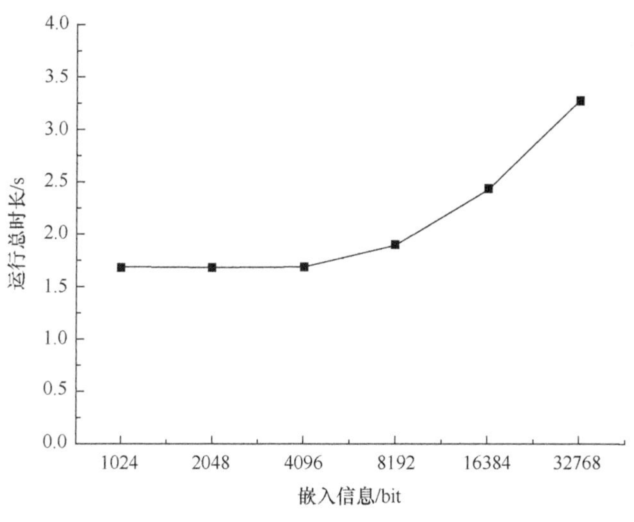

图 6.8　不同嵌入量下算法运行时长

3. 算法各阶段耗时测试

以 Baboon 图像为例，取 ε=0.1、dim=2，对算法嵌入 1024bit 与 32768bit 执行各阶段的耗时进行测试对比，如图 6.9 与图 6.10 所示。

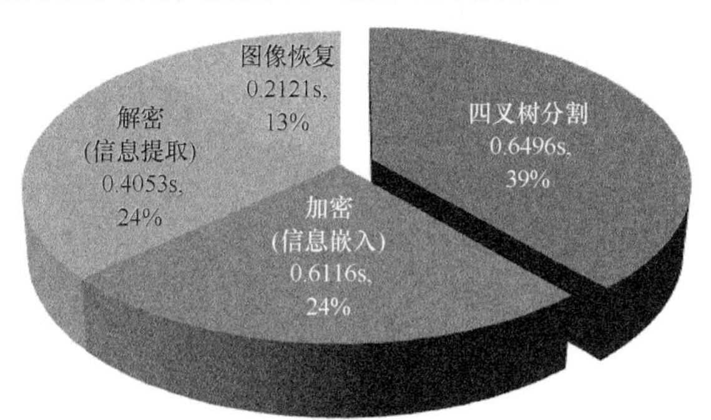

图 6.9　嵌入 1024bit 时算法各阶段运行耗时

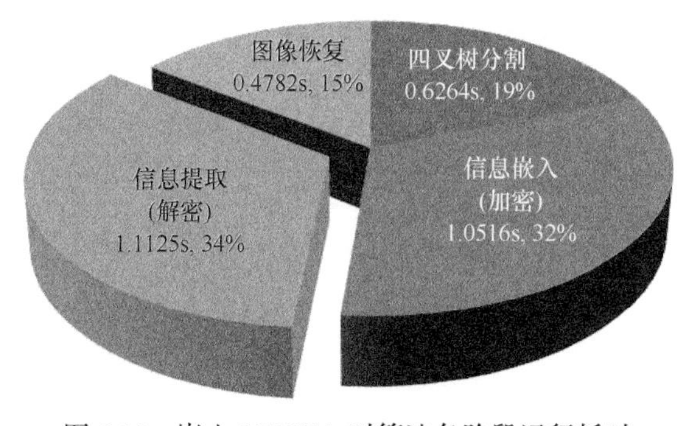

图 6.10　嵌入 32768bit 时算法各阶段运行耗时

如图 6.9 所示，嵌入 1024bit 时，四叉树分割耗时较长，达总耗时长的 39%。在并行加密与信息嵌入操作中，由于加解密耗时较长，统计的是加解密操作用时。如图 6.10 所示，当嵌入 32768bit 时，四叉树分割耗时与图 6.9 相比变化不大。此时信息嵌入与提取操作用时超过加解密操作，因此此阶段比图 6.9 耗时多。

综上所述，本书算法在理想情况下完全可逆，具有较好的隐藏容量。算法计算简便，运行时间较短，能够基本满足军事通信中实时处理传输的要求。

6.4 本章小结

本章针对提高算法隐藏容量与实时性的需要，分析 Agrawal 等[168]提出的算法，借鉴其简单高效的运算方式，并结合四叉树分割提出一种自适应分块的密文域 RDH 方案。对明文图像执行四叉树分割，分块方式与图像自身内容特征有关，对图像块再次分离后求取一部分子块均值并保留，然后利用伪随机序列加密另一子块，嵌入操作利用加法运算。图像接收者利用保留的均值可逆恢复图像，运算简单高效。该方案按照需求将图像块分离为不同功能的子块，可以实现加密与 RDH 的分离。与文献[168]方案比较，改进算法采取自适应的分块方式，嵌入率增大 5～50 倍。此外，在提取秘密信息之后，算法可以实现载体图像 100%恢复，达到了真正可逆。在执行效率上，本节算法方便快捷，运算速度较快，基本可以实现信息隐藏的实时操作。

第 7 章　高嵌入率密文域可逆信息隐藏算法

在嵌入信息时对载体图像修改的程度越大，载密图像的失真就越大，秘密信息被检测到的可能性就越大。因此，在设计大容量密文域 RDH 算法时，要在减少对载体图像修改的同时嵌入尽可能多的秘密信息。一些大容量的信息隐藏算法因可逆性不强，很难应用于密文图像管理，但此类算法大多嵌入率较高，对载体修改程度小。本章着眼于图像明文域高嵌入率信息隐藏算法，寻找高嵌入率信息隐藏算法在密文域实现可逆性的突破口。

7.1　明文域高嵌入率信息隐藏算法在密文域的应用

图像明文域信息隐藏以空域算法为主，是信息隐藏领域开展研究较早、较多的一类算法。其主要思路是利用空间各像素间的相关性以像素数值为操作单元进行变换，隐藏容量大是此类算法的显著优势。本节以像素值差分(pixel value difference，PVD)算法[226]为例，研究空域高嵌入率信息隐藏算法在密文域应用的可行性，分析实现可逆性的思路。

7.1.1　像素值差分算法原理

PVD 算法是由 Wu 等[226]在 2003 年提出的一种自适应图像信息隐藏算法。该方法可以很好地利用人眼的识别特性，在视觉敏感的平滑区域嵌入的秘密比特较少，在纹理复杂区域和边缘区域等视觉感知迟钝的区域嵌入较多的秘密信息。

该算法将[0, 255]灰度值空间分为互不交叉的几个灰度值子区间，通过像素间的差值及其所处灰度值子区间的关系，确定该对像素所能负载秘密信息的数量，差值越大，所处的区间长度越长，像素对能够嵌入的数据量越大。对秘密信息与差值计算会产生一个用于修改像素对的偏移差值，嵌入时利用该值将原始像素对向两个方向修改；提取信息时，只需计算像素差值，判断所处区间即可提取信息。

PVD 算法实现简单、隐藏容量大，适用于多种图像格式，是一种行之有效的信息隐藏算法。在 PVD 算法中，像素差异决定隐藏容量，因此从理论上分析，将 PVD 算法从相关性强的明文域搬移至密文域可以提升嵌入率。

7.1.2　密文域像素值差分算法

密文域 PVD 算法嵌入、提取详细流程如图 7.1 所示。

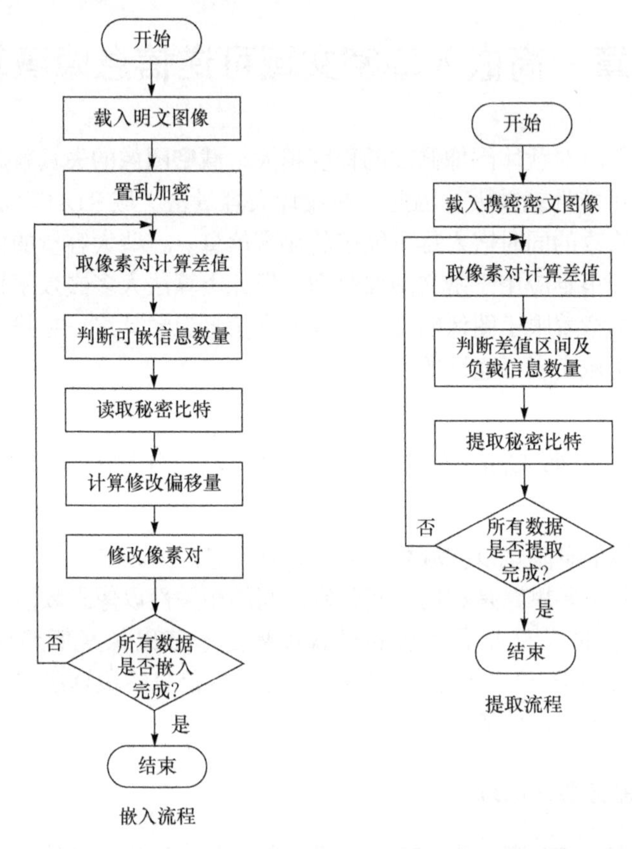

图 7.1　密文域 PVD 算法嵌入、提取详细流程

明文载体图像首先经过加密传递给信息隐藏者。信息隐藏者按照 PVD 算法的嵌入规则，依次计算像素对差值，判断像素对能够嵌入的信息数量，读取对应数量的比特位，计算修改偏移量，向两个方向修改像素对，直至嵌入所有秘密信息。然后，将密文图像传输给接收者。接收者根据提取规则，判断像素对差值所处区间及嵌入的比特数，完成信息提取。下面详细介绍密文域 PVD 算法的执行过程。

Step1：加密。

PVD 算法直接对像素值进行运算，若采取像素值置乱的方式进行加密，则图像接收者只能在信息提取之后解密图像，否则将造成解密失败，同时也无法准确提取秘密信息。因此，采取位置置乱的方式加密图像。Logistic 混沌序列置乱是一种不可预测的、无序的、非周期性的加密方式，本书选取这种方式对图像进行加密预处理。Logistic 混沌置乱加密步骤如下。

① 读取图片，测出其大小为 $M \times N$ 。

② Logistic 序列迭代 $M \times N$ 次，得到 $M \times N$ 个(0,1)之间的浮点数序列 A，将 A 扩展到范围为 $(0, M \times N)$ 的浮点数序列，将此序列取整可得序列 B。

③ 对于序列 B 中的每一个元素 $B(i)$，需要生成 $M \times N$ 个随机坐标，表示为 $F(x,y)$ ，其中行坐标和列坐标为

$$x = B(i)\%N \tag{7.1}$$

$$y = B(i) / N \tag{7.2}$$

④ 将图像中每个点的像素值依次搬到随机坐标点，当所有像素都经过移动后，置乱加密完成。

Step2：嵌入。

在明文图像中，相邻像素相关性较好，差值不会很大。经上述过程，加密后的密文图像与明文图像不同，像素位置随机分布，图像内容会呈现出不可见的状态。此外，经过置乱的图像像素间的相关性被破坏，随机排列的像素间的差值变大，结合 PVD 算法的嵌入原理，算法的隐藏容量可以进一步提升。详细嵌入过程如下。

① 将[0,255]灰度值空间按照一定规则分为几个不同的子区间 $S_k = [l_k,\ r_k]$，一般常用取法为[0,7]、[8,15]、[16,31]、[32,63]、[64,127]、[128,255]。各区间长度为 2 的整数次幂。划分区间是为了判断像素对的负载能力。

② 加载载体图像 A，读取一对像素 (p_i, p_{i+1}) ，计算差值 $d_i = |p_i - p_{i+1}|$。

③ 判断 d_i 所处的差值区间，$d_i \in [l_k,\ r_k]$，根据区间长度判断该像素对 (p_i, p_{i+1}) 所能负荷的秘密信息的比特数 num_i ，即

$$\mathrm{num}_i = \log_2(r_k - l_k + 1) \tag{7.3}$$

④ 从秘密信息比特流 B 中依次读取 num_i 个比特信息，转换为十进制数字 b ，按照式(7.4)计算第二个差值 d_i' ，即

$$d_i' = l_k + b \tag{7.4}$$

由 d_i 和 d_i' 按式(7.5)计算最终用于修改像素值的偏移差值 δ ，即

$$\delta = |d_i' - d_i| \tag{7.5}$$

δ 值的大小直接决定像素对的修改幅度，从而影响算法的不可感知性，因此采取如下策略减小 δ 值，即

$$\begin{aligned} &\delta(i) \in \left[2^n, 2^{n+1}\right), \quad n=1,2,\cdots,6 \\ &\delta'(i) = \delta(i) - 2^n \\ &\lambda(i) = n \end{aligned} \tag{7.6}$$

此处的 $\lambda(i)$ 作为隐写密钥保留以便准确提取秘密信息。$\lambda(i)$ 的值与像素对相对应，$\delta'(i)$ 为最终的决定差值修改像素对。

⑤ 根据参数的不同特性，按式(7.7)完成对像素对的修改，即

$$(p_i',p_{i+1}')=\begin{cases}p_i+\lceil\delta'(i)/2\rceil,p_{i+1}-\lfloor\delta'(i)/2\rfloor, & d_i'>d_i \text{ 且 } p_i\geqslant p_{i+1}\\ p_i-\lfloor\delta'(i)/2\rfloor,p_{i+1}+\lceil\delta'(i)/2\rceil, & d_i'>d_i \text{ 且 } p_i<p_{i+1}\\ p_i-\lceil\delta'(i)/2\rceil,p_{i+1}+\lfloor\delta'(i)/2\rfloor, & d_i'\leqslant d_i \text{ 且 } p_i\geqslant p_{i+1}\\ p_i+\lfloor\delta'(i)/2\rfloor,p_{i+1}-\lceil\delta'(i)/2\rceil, & d_i'\leqslant d_i \text{ 且 } p_i<p_{i+1}\end{cases} \tag{7.7}$$

(p_i',p_{i+1}') 就是嵌入秘密信息后的新像素对，重复步骤②～⑤，即可完成所有秘密信息的嵌入。将所有修改后的像素对 (p_i',p_{i+1}') 重构即可得到嵌密图像 C。

Step3：提取过程。

① 从嵌密图像 C 中提取一对像素 (p_i',p_{i+1}')，同时读取与该像素对相对应的 $\lambda(i)$，按照式(7.8)计算新差值，即

$$d_i'=|p_i'-p_{i+1}'|+2^{\lambda(i)} \tag{7.8}$$

② 按式(7.9)计算所处的差值区间，计算该对像素所嵌秘密信息(十进制数)，即

$$b=d_i'-l_k+1,\quad d_i'\in[l_k,r_k] \tag{7.9}$$

③ 计算秘密信息的比特数 num_i，将 b 转化为 num_i 位二进制比特，即

$$\mathrm{num}_i=\log_2(r_k-l_k+1) \tag{7.10}$$

④ 迭代以上步骤，直至所有秘密信息提取完成。

7.1.3　像素值差分算法隐藏容量分析

根据 PVD 算法原理，像素间的相关性越低，嵌入容量越高。若选取有含义的图像作为载体图像，加密前的图像像素相关性必然优于加密后的密文图像。若采取 PVD 算法，应该具有更高的隐藏容量和嵌入率。为验证密文域 PVD 算法嵌入率的提升，以 Lena 图像为样本进行嵌入率测试。首先统计明文域和密文域条件下 PVD 算法执行过程中，所有像素对差值所处区间，如图 7.2 所示。

通过 PVD 算法嵌入原理可以看出，隐藏容量是由选取像素对的差值所处的区间决定的，而明文图像由于相关性较好，差值基本处于小区间内，从而制约容量。经过位置置乱后，所有的图像差值所处的区间整体右移，可以推测密文域 PVD 算法比明文域 PVD 算法具有更高的嵌入率。

以图 6.5 为测试图像，进一步测试密文域算法嵌入率。PVD 算法明文域与密文域嵌入率对比如图 7.3 所示。

与差值区间分析结果对应，置乱后的算法隐藏容量得到提升。这是由于将[0,255]灰度值空间按照[0,7]、[8,15]、[16,31]、[32,63]、[64,127]、[128,255]的 6 区

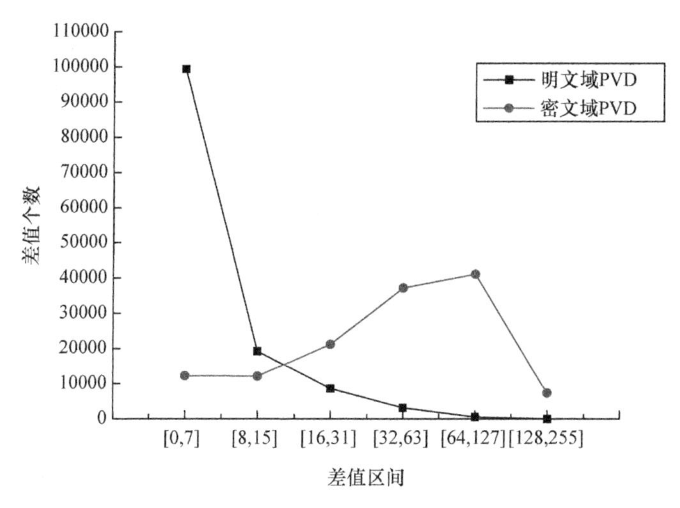

图 7.2　PVD 算法明文域与密文域像素差值区间分布

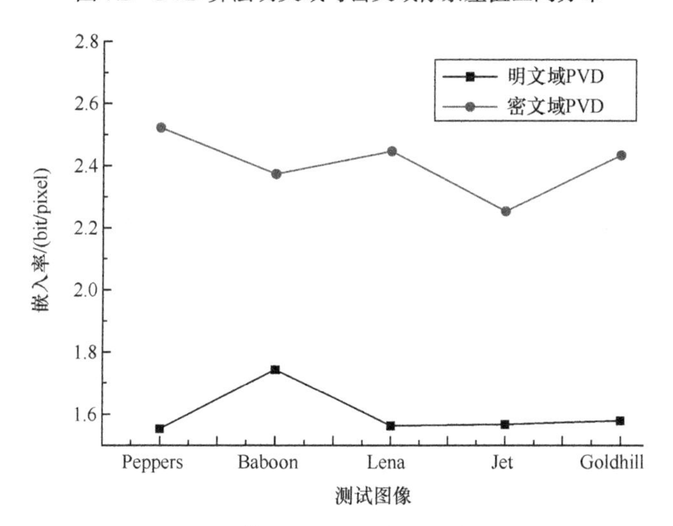

图 7.3　PVD 算法明文域与密文域嵌入率对比

间划分模式中，各区间负载的秘密比特数按照公式计算依次为 3、3、4、5、6、7。经过混沌置乱后由于像素间差值区间被放大，因此原始图像隐藏容量得到提升。这是由算法的自适应性和图像本身的灰度值特性决定的。

7.1.4　像素值差分算法可逆性讨论

在 PVD 算法嵌入过程中，通过参数 $\delta'(i)$ 对像素值进行修改，用于嵌入的像素对向两个方向变化，图像接收者只能根据被修改后的像素提取秘密信息，很难获取变化量 $\delta'(i)$ 与各个像素对应的变化方向，因此会对载体图像造成不可逆的损失。

若图像接收者可以获得各像素对对应的 $\delta'(i)$ 值，则可以直接计算原始像素值，但是仅通过计算无法得到修改参数 $\delta'(i)$ 。要实现 PVD 算法的可逆恢复，必须使图像接收者能够得到修改参数 $\delta'(i)$ 。根据参数 $\delta'(i)$ 的传递渠道，有如下几种提高 PVD 算法可逆性的改进思路。

① 将 PVD 算法与 RDH 算法结合执行两次嵌入。首先对密文图像采用 PVD 算法嵌入秘密信息，生成携密密文图像。每修改一对像素会产生一个修改参数 $\delta'(i)$ ，将所有的 $\delta'(i)$ 按一定格式组合作为辅助信息。该辅助信息将通过 RDH 算法嵌入携密密文图像。此处，RDH 算法应该避免使用会产生新的辅助信息的算法。因此，需要先恢复辅助信息及携密密文图像，根据辅助信息提取秘密信息，恢复原始图像。

这种思想适用于系统对隐藏容量要求较高，且 RDH 算法远无法达到的情况。二次嵌入在一定程度上会增大算法的运算复杂度。同时，若 PVD 算法实现可逆性时的辅助信息过多，执行 RDH 的开销过大，则此种方法将失去作用。

② 将辅助信息通过其他渠道进行二次传输。在这种方法中，辅助信息不作为秘密信息的一部分嵌入秘密图像。实现二次传输的方法有很多，可以直接将辅助信息直接传递给图像接收者，也可重新选择一幅无关图像执行信息隐藏嵌入辅助信息后传输。

这种方法需要占用额外的信道资源，且通过两次传输过程才能完成一次通信过程，对系统的安全性产生影响。但是，这种方法对辅助信息的大小没有要求，适用于大部分不可逆的信息隐藏算法。

以上两种方法均可使 PVD 算法满足可逆性。基于以上两种思路，一些高嵌入率的信息隐藏方案可以寻找制约其可逆性的技术瓶颈并寻求突破。7.3 节将根据上述第一种思想对可逆性不强的矩阵编码算法进行改进，提出一种适用于密文域的高嵌入率 RDH 算法。

7.2 基于矩阵编码的密文域可逆信息隐藏算法

7.2.1 矩阵编码

矩阵编码是一种高效的隐写编码方式，由 Crandall 首先提出。著名的 JPEG 图像隐写 F5 算法就应用了矩阵编码，在同等嵌入率的情况下可以大幅减少载体图像的修改比率，极大地提升嵌入率。矩阵编码的表示形式是一个有序元组 $[d_{\max},n,k]$ ，其含义是将载体按照码字长度 n 分组，至多修改其中的 $d_{\max}$ 个比特即可嵌入 k bit 的数据，从而提升嵌入率。定义像素的修改量为 $C(k)$ ，嵌入率为 $R(k)$ ，即

$$C(k)=\frac{d_{\max}}{n+1}=\frac{d_{\max}}{2^k} \tag{7.11}$$

$$R(k)=\frac{k}{n}=\frac{k}{2^k-1} \tag{7.12}$$

因此，矩阵编码嵌入率为

$$P(k)=\frac{R(k)}{C(k)}=\frac{2^k k}{2^k-1} \tag{7.13}$$

当 $d_{\max}=1$ 时，矩阵编码的修改量、嵌入量和嵌入率的对应关系如表 7.1 所示。

表 7.1　矩阵编码修改量、嵌入量和嵌入率的对应关系

k	N	修改量/bit	嵌入量/bit	嵌入率/(bit/pixel)
1	1	50	100	2
2	3	25	66.67	2.67
3	7	12.5	42.86	3.43
4	15	6.25	26.67	4.27
5	31	3.12	16.13	5.16
6	63	1.56	9.52	6.09
7	127	0.78	5.51	7.06
8	255	0.39	3.14	8.03
9	511	0.2	1.76	9.02

在 F5 算法中，$d_{\max}=1$，以 $n=3$、$k=2$ 为例演示矩阵编码的原理。

设读取的 3bit 载体信息为 a_1、a_2、a_3，需要嵌入的 2bit 秘密数据为 x_1 和 x_2，判断秘密数据与载体信息之间的数学关系，对载体信息中的某一个比特进行修改。判断标准和修改方式如下。

① $x_1=a_1\oplus a_3, x_2=a_2\oplus a_3$，不修改。

② $x_1\neq a_1\oplus a_3, x_2=a_2\oplus a_3$，翻转 a_1。

③ $x_1=a_1\oplus a_3, x_2\neq a_2\oplus a_3$，翻转 a_2。

④ $x_1\neq a_1\oplus a_3, x_2\neq a_2\oplus a_3$，翻转 a_3。

在这 4 种情况中，对 3bit 的载体信息进行矩阵编码后嵌入 2bit 秘密数据，但对载体信息的修改最大只有 1bit。

一般情况下，矩阵编码的嵌入方式为

$$s=f(a)\oplus x$$
$$a'=\begin{cases}(a_1,a_2,\cdots,a_i,\cdots,a_n), & s=i\\ a, & s=0\end{cases} \tag{7.14}$$

若 $a=a_1a_2\cdots a_n$ 表示 n 个可修改的码字，$x=(x_1,x_2,\cdots,x_k)$ 表示需要嵌入的 k bit

秘密信息，则 a' 表示将秘密信息 x 嵌入 a 之后的码字。

① 定义散列函数 $f(a)$，可以从码字 a' 中提取嵌入的信息 x，使得 $x=f(a')$，即

$$f(a)=\bigoplus_{i=1}^{n} a_i i \tag{7.15}$$

② 通过散列函数和秘密信息异或找到需要修改的数据位置 s，即

$$s=f(a)\oplus x \tag{7.16}$$

修改规则为

$$a'=\begin{cases}(a_1,a_2,\cdots,a_i,\cdots,a_n), & s=i\\ a, & s=0\end{cases} \tag{7.17}$$

③ 重复以上步骤直至嵌入所有秘密信息。

7.2.2 算法流程

密文域矩阵编码 RDH 算法执行流程如图 7.4 所示。

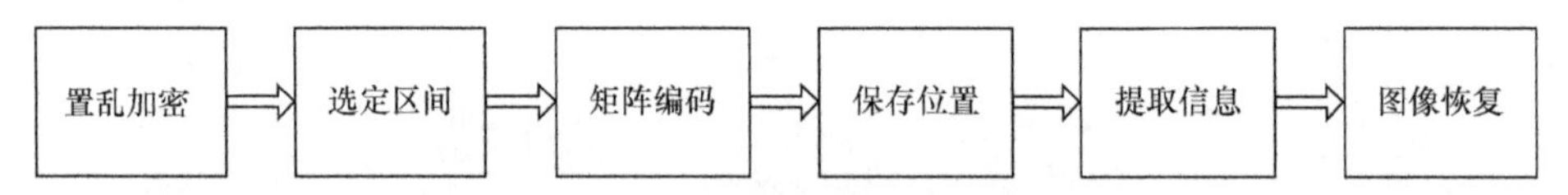

图 7.4　密文域矩阵编码 RDH 算法执行流程

图像拥有者将明文图像经置乱加密后转化为密文图像传输至信息隐藏者。后者执行矩阵编码嵌入秘密信息，而后采取其他 RDH 算法将位置信息二次嵌入。图像接收者根据不同的权限提取信息或解密恢复图像。

7.2.3 实现过程

1. 图像加密

本节采取 Arnold 变换加密图像。Arnold 变换由俄国数学家拉基米尔 · 阿诺德提出，根据 Arnold 映像搬移像素位置加密图像。当输入图像为正方形时，Arnold 映射的表达式为

$$\begin{bmatrix}x_{n+1}\\ y_{n+1}\end{bmatrix}=\begin{bmatrix}1 & b\\ a & ab+1\end{bmatrix}\begin{bmatrix}x_n\\ y_n\end{bmatrix}\bmod N \tag{7.18}$$

其中，a、b、N 为正整数；(x,y) 为输入图像矩阵中各个像素的坐标；N 为矩阵的宽度；mod 为求余函数。

Arnold 变换产生密文图像的主要方法是拉伸和折叠。Arnold 映射通过与矩阵相乘使 x,y 坐标都变大，等同于拉伸，而折叠操作是取模运算，使坐标折回单位

矩形内。每一次变换作用效果有限，因此可以对明文图像迭代使用离散 Arnold 变换，将每次变换输出的结果作为下一次运算的输入，循环执行迭代，直到图像内容无法辨识，图像加密完成。以 Lena 图像为例，分别执行 1 次、5 次、10 次、20 次 Arnold 变换，加密效果如图 7.5 所示。

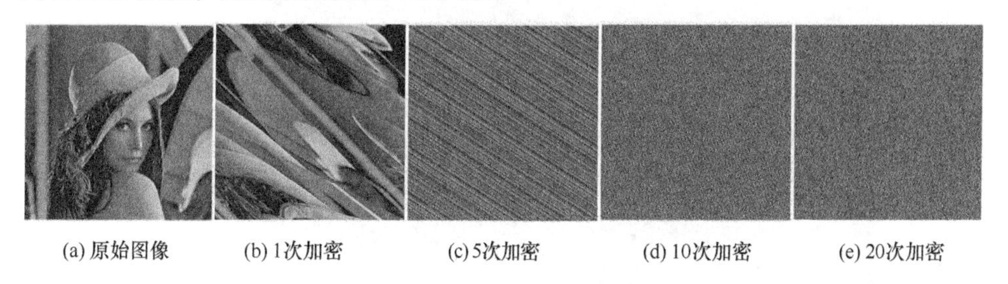

(a) 原始图像　(b) 1次加密　(c) 5次加密　(d) 10次加密　(e) 20次加密

图 7.5　Arnold 变换加密效果

经 20 次置乱后，图像内容已经完全被掩盖，达到保护隐私内容的需求。由于 Arnold 加密后图像的直方图分布不会发生改变，对于常用的灰度图像而言，直方图的特性没有发生改变，极易被破解。但是在云数据中心管理图像时，大部分图像是用户自行上传的个人图像，或是装备图、遥感图、军事地形图、医疗诊断图等专业图像，这些图像原本的直方图统计数据很难被直接获得。因此，针对这种图像，采取位置置乱的加密方式能够满足基本的安全性需求。

2. 划分区间生成位置信息

把[0,255]的像素值范围均分为 8 个区间，即 s_0=[0,31]、s_1=[32,63]、s_2=[64,95]、s_3=[96,127]、s_4=[128,159]、s_5=[160,191]、s_6=[192,223]、s_7=[224,255]，对应的区间内像素的 3bit 最高有效位(most significant bit，MSB)分别为 000、001、010、011、100、101、110、111。为确保图像接收者能够准确提取和恢复载体图像，选定一个像素区间 s_4 作为嵌入区间，保留嵌入区域所有像素的位置信息和所在的区间编号。如图 7.6 所示，在经 20 次 Arnold 变换的密文域 Lena 图像中，白色区域为嵌入区域。此位置图为二值图像，为确保图片接收者能够准确提取秘密信息，必须将位置图压缩后嵌入携密密文图像。

3. 秘密信息嵌入及提取

信息隐藏者接收到密文图像后，将秘密信息转化为二进制数据流，进入待嵌入序列。为尽量减少对载体密文图像的修改，在使用矩阵编码嵌入信息时选择与 F5 算法相同的有序元组 $[l,n,k]=[1,3,2]$，表示在密文图像的每个可嵌入像素的 3bit MSB 上嵌入 2bit 秘密信息时至多修改 1 位原始比特。迭代执行编码，直到嵌入所有秘密信息。由于位置图为二值图像，占用空间不大，因此采取 HS 算法将压缩

图 7.6　选定区间 s_4 时嵌入位置示意

后的位置图嵌入携密密文图像。图像接收者得到携密密文图像时，首先需要提取位置图，按照位置图找到所嵌入像素的位置，根据散列函数对指定位置的像素逐一进行解码操作即可提取秘密信息。

4. 图像恢复及解密

恢复载体图像时，由于嵌入操作选定的像素均属于同一区间，所有像素的 3bit MSB 相同，且对应的十进制数就是所在的区间编号，可以根据如下方法计算被修改像素的原始 3bit MSB。

在 3bit 二进制数中，若每次嵌入操作只修改最多 1bit 数据，则每个 3bit 二进制数对应 4 种不同的修改结果。嵌入操作前后数据关系对应表如表 7.2 所示。

表 7.2　嵌入操作前后数据关系对应表

原始(修改后)数据	修改(还原)结果			
000	000	001	010	100
001	001	000	011	101
010	010	000	011	110
011	011	010	001	111

续表

原始(修改后)数据	修改(还原)结果			
100	100	000	101	110
101	101	100	001	111
110	110	111	100	010
111	111	110	011	101

图像接收者根据位置图找到被修改的像素时，所有被修改像素的 MSB 对应 4 种修改结果。每种修改结果对应 4 个恢复结果，其中有且必有一个是原始的 MSB。因此，统计这 4 种情况所有可能恢复的 3bit 二进制数据，其中重复最多的恢复结果就是被修改的原始 MSB。得到替换选定像素的 3bit MSB 即可无损恢复密文图像，将密文图像执行 Arnold 逆变换即可得到与原始图像完全相同的解密图像。

5. 执行示例

为直观阐述算法原理，下面以实例对算法执行过程进行模拟。若密文图像选定区间为 s_4=[128,159]，读取一个可嵌入像素值 155，则对应的二进制数为 10011011，取出 3bit MSB 作为矩阵编码的码字 $a_1a_2a_3$=100。因此，该码字对应的所有修改结果只有 4 种情况，即 100、101、110、000。若待嵌入的秘密信息比特为 x_1=1 和 x_2=0，按照散列函数和秘密信息运算找到需要修改的码字位置，$s=1\times1\oplus0\times2\oplus0\times3\oplus10=11$，翻转 a_3 完成嵌入得到码字 $a_1'a_2'a_3'=101$，修改后的二进制序列为 $10111011_B=187_D$。图像接收者提取秘密信息时按照散列函数可直接计算出秘密信息 $x=1\times1\oplus0\times2\oplus1\times3=10$。恢复载体图像时，图像接收者不能直接找到被修改的像素中具体哪一位数据被翻转，但是可以计算出原始像素的 3bit MSB 为 100，用其替换被修改像素的 3bit MSB 即可恢复原始像素。

7.3 实验分析

本节基于 MATLAB 2014a，以图 6.5 所示的标准灰度测试图像为例，从可逆性、隐藏容量两方面分析算法的性能。

7.3.1 可逆性分析

在算法嵌入过程中，矩阵的编码过程对于可嵌入像素 MSB 的修改最大为 1，因此对于像素值的改变最大为 128。在不苛求图像质量的情况下，图像接收者可以直接解密图像。图 7.7 展示了 Lena 图像恢复效果对比。

(a) 直接解密图像效果

(b) 直接解密后采取3×3中值滤波处理图像效果

(c) 本书算法恢复图像效果

图 7.7　Lena 图像恢复效果对比

从图 7.7(a)可以看出，直接解密后图像大部分内容已经可以获得，但是选定区间的像素值发生了最大为 128 的变化，而图像的空间相关性又使该部分像素集中于原始图像的某个区域，所以图像中许多细节部分呈现出杂乱无章的噪声。为了改善直接解密图像的图像质量，采用 3×3 的模板进行中值滤波可得图 7.7(b)。可以看出，图像质量大大改善，许多杂乱的细节被恢复，但是仍存在着一些噪声块。另外，秘密信息的嵌入率也会影响图像直接解密的质量，嵌入率越高，直接解密图像的质量越差。

本书算法采用散列函数计算秘密信息，可以 100%正确地恢复秘密信息。在恢复载体图像时，若要完全无损地恢复载体图像，只需按照位置图找到选定嵌入像素的具体位置，计算得出被修改的 MSB，替换指定位置上所有像素的 MSB 即可恢复到嵌密操作前的密文图像，执行 Arnold 逆变换即可获得无损的原始图像，如图 7.7(c)所示。以 Lena 图像为例，计算不同嵌入率下图像恢复质量，如表 7.3 所示。

表 7.3　不同嵌入率下图像恢复质量

嵌入率/(bit/pixel)	直接解密(PSNR)/dB	中值滤波(PSNR)/dB	恢复图像(PSNR)/dB
0.14	23.58	28.63	∞
0.28	21.19	25.21	∞
0.42	19.9	23.47	∞
0.56	19.26	22.67	∞

从表 7.3 中数据可知，在嵌入率不断增加时，直接解密图像的质量迅速降低，即使经过中值滤波也无法很好地改善图像质量，但按照本书算法恢复图像，可以获得与原始图像质量相同的恢复图像。

图像恢复质量对比如表 7.4 所示。

表 7.4　图像恢复质量对比

图像	文献[162](PSNR)/dB	文献[177](PSNR)/dB	本书算法(PSNR)/dB
Lena	31.1	55.19	∞
Jet	33.1	51.95	∞
Baboon	30.49	54.58	∞
Goldhill	34.27	53.56	∞
Peppers	31.98	54.15	∞

由表 7.4 可知，在恢复图像时，本书算法可以复原出与原始图像完全相同的质量。文献[162]采取预测误差的方式，恢复效果不佳。文献[177]虽然获得了较高的质量，但仍然与原始图像存在细微差距。

7.3.2　隐藏容量分析

本书算法以特定像素的 3bit MSB 为信息隐藏的基本操作单元，因此隐藏容量与选定嵌入区间像素数量正相关。按照 7.2.3 节中区间划分方式，像素值区间分布情况如图 7.8 所示。

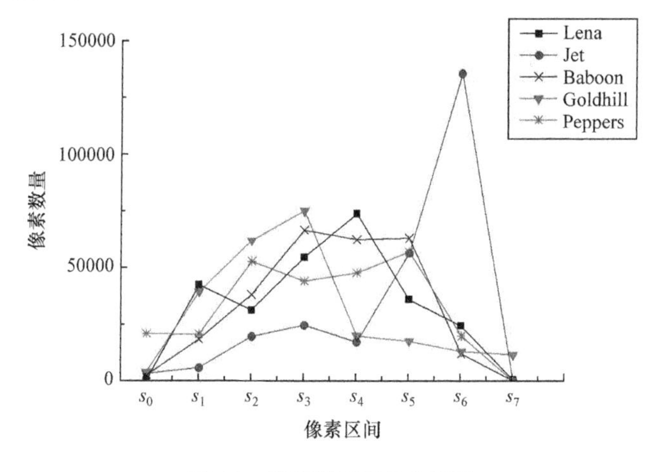

图 7.8　像素值区间分布情况

图像的像素数值区间分布与图像的内容特性相关，而且像素数量也决定了算法的隐藏容量。从图中可以看出，除 Jet 图像外，大部分图像像素最集中的区间在 s_3、s_4、s_5 区间。同时，该折线图也反映了选定不同的区间为嵌入区域时，各测试图像的隐藏容量变化趋势。为了最大限度地测试算法隐藏容量，选取各图像中像素数量最多的区间作为嵌入区域。不同测试图像下隐藏容量与嵌入率的对应关系如表 7.5 所示。

表 7.5　隐藏容量与嵌入率的对应关系

图像	选定区间	隐藏容量/bit	嵌入率/(bit/pixel)
Lena	s_4	147442	0.56
Jet	s_6	271232	1.03
Baboon	s_3	132742	0.51
Goldhill	s_3	149936	0.57
Peppers	s_5	113574	0.43

与文献[159]，[177]算法进行对比，三种算法的嵌入率对比如表 7.6 所示。

表 7.6　不同算法的嵌入率对比

算法	最大嵌入率/(bit/pixel)	平均嵌入率/(bit/pixel)
本节算法	1.03	0.62
文献[159]算法	0.015	0.01
文献[177]算法	0.51	0.13

如表 7.6 所示，由于矩阵编码的引入，本书算法平均嵌入率为 0.62bit/pixel，最高嵌入率甚至超过了 1，平均嵌入率高出文献[159] 1 个数量级，高出文献[177] 5 倍。文献[159]中的算法对图像分块，而每块只能嵌入 1bit 秘密信息，同时该算法恢复秘密信息时需要借助图像的空间相关性，分块数不能太小。这极大地限制了算法的隐藏容量。文献[177]利用 HS 的方法，嵌入率受直方图峰值点的约束，因此较本书算法稍有逊色。

7.4　本 章 小 结

本章对如何提升图像密文域 RDH 的嵌入率与可逆性展开研究，首先分析高嵌入率信息隐藏算法原理，分析实现可逆性的方法，在此基础上提出一种新的算法。在密文图像的部分 MSB 上执行矩阵编码，使算法嵌入率大大提升；为弥补矩阵编码对载体造成的不可逆的损失，借助位置图对执行编码的部分 MSB 进行定位，采用 HS 算法将位置图嵌入，利用位置图可以准确找到被修改的像素进行完全可逆的载体图像恢复，同时毫无差错地恢复秘密信息；提取出位置图后，执行载体解密与信息提取没有次序，可依据不同的权限独立操作。仿真实验证明，本书算法具有较高的嵌入率和可分离性。

第8章　基于无损压缩的密文域可逆信息隐藏算法

隐藏了秘密信息的加密图像在传输过程中常受到不同程度的噪声影响，甚至损坏。若信息隐藏算法的鲁棒性太差，接收端将无法准确提取秘密信息，也无法正常解密、恢复载体图像内容。由于 RDH 具有脆弱性，传统的密文域 RDH 对于算法的鲁棒性要求不高。为减小噪声影响，同时尽可能达到较高的隐藏容量，本章提出一种新的基于位平面无损压缩的密文域 RDH 算法[227]。

8.1　基于二进制块嵌入的密文域可逆信息隐藏算法

无损压缩是 RDH 常用技术，由于密文图像相关性差、熵值低、冗余小，为提升压缩效率，一些算法[228]选择在加密前执行无损压缩。基于此，Shuang 等提出基于二进制块嵌入(binary bock embedding，BBE)算法[175]，并将该算法应用于密文域 RDH，可以获得较大的隐藏容量。

BBE 算法首先将二值图像分为互不相关的图像块，将这些图像块分为可嵌入块和不可嵌入块，分别命名为 Good 和 Bad 块。每个可嵌入块需要 2～3bit 的标记信息来记录图像块的类型。BBE 算法对图像块类型的划分如表 8.1 所示。

表 8.1　BBE 算法对图像块类型的划分

块类型	比特分布情况	标记比特
Bad	不能嵌入信息	00
Good-Ⅰ	全部比特为 1	11
Good-Ⅱ	全部比特为 0	10
Good-Ⅲ	大部分比特为 1	011
Good-Ⅳ	大部分比特为 0	010

将图像块分类后，为完全可逆地实现编解码，需要对某些图像块内的信息进行结构编码。一个图像块去除标记比特、结构信息，其余均为冗余空间。当结构信息和标记比特之和超过图像块的总比特数时，便认定该图像块不能嵌入信息。对于 Good-Ⅰ和 Good-Ⅱ块，这两种类型的比特分布比较单一，因此不需要进行

结构编码，只需要 2bit 标记信息，其余空间均可作为冗余空间。Good-Ⅲ和 Good-Ⅳ块则需要结构信息标记块中 0-1bit 的分布情况。

为了能可逆地实现压缩编码与解码，同时提升编码效率，需要对图像块中所占比重较小的比特位置进行编码。我们将这部分需要编码的比特称为少数比特。图像块的压缩编码主要由以下几部分构成：3bit 标记信息、少数比特的数量及位置信息。定义参数 n 表示图像块中像素数量，m 表示块中比特所占比重较小的比特个数，如 Good-Ⅲ块中的 0bit，Good-Ⅳ块中的 1bit。利用阈值 n_a 判断图像块是否能够用于信息隐藏。n_a 的计算方法为

$$n_a = \arg\max\{n - 3 - \max\{\lceil \log_2 x, 1 \rceil\} - x\lceil \log_2 n \rceil \geqslant 0\}，\ 1 \leqslant x \leqslant \lceil 0.16n \rceil \tag{8.1}$$

若 $m \geqslant n_a$，则认定该块为不可嵌入块。表达式 $\max\{\lceil \log_2 x, 1 \rceil\}$ 和 $x\lceil \log_2 n \rceil$ 分别表示 x bit 的结构信息的长度和位置信息。这两部分将应用于 Good-Ⅲ和 Good-Ⅳ块的压缩编码。从最左上方的像素开始按照“S”顺序扫描块中的像素，获取 m 个像素的位置索引 $\{z_i\}_{i=1}^m$。首先扫描的位置索引为 z_1，表示扫描到第一个少数比特的位置是图像块中的第 z_1 位，$z_1 \in [1, n]$。因此，可用图像块中 $\lceil \log_2 n \rceil$ bit 的信息表示第一个少数比特的位置索引值。第二个需要编码的比特位置为 z_2，$z_2 \in [z_1 + 1, n]$。后一个比特的位置信息可用前一个比特的位置索引值加上 2 个比特的距离 t_i 表示。$t_1 = z_1, t_2 = z_1 - z_2$，则 t_2 需要 $\lceil \log_2 (n - z_1) \rceil$ bit 信息表示需要编码的第 2 个比特与第 1 个比特之间的距离。以此方法可以将图像块中所有的少数比特编码。位置索引的长度用参数 q_i 表示。q_i 与 t_i 的计算方法为

$$q_i = \begin{cases} \lceil \log_2 n \rceil, & i = 1 \\ \max\{\lceil \log_2 (n - z_1) \rceil, 1\}, & 2 \leqslant i \leqslant m \end{cases} \tag{8.2}$$

$$t_i = \begin{cases} z_i, & i = 1 \\ z_i - z_{i-1}, & 2 \leqslant i \leqslant m \end{cases} \tag{8.3}$$

综上，BBE 算法中压缩编码结构如图 8.1 所示。

图 8.1　BBE 算法中压缩编码结构

BBE 算法根据图像位平面块比特分布的不同特点将图像块分为可嵌入块和不可嵌入块。在可嵌入块中，统计少数比特的数量并标记位置，图像块中的其余空间均可作为冗余空间用以嵌入信息。该方法成功实现了图像块的可逆压缩。对于比特分布较为简单、不同类型比特分布差异大的图像块具有较好的压缩效率。分析 BBE 算法的压缩过程可以发现，该算法存在以下不足。

① 图像块中只有当 1(0)比特数量远远超过 0(1)比特时，该图像块才可被压缩嵌入信息。在实际应用中，图像位平面块中，某一比特数量分布远超另一比特的情形不会经常出现；否则为不可嵌入块。不可嵌入块对嵌入容量具有副作用，会对算法的隐藏容量产生影响。

② 在可嵌入块中，每一个少数比特的位置都需要被记录，因此当少数比特的数量接近阈值时，位置索引信息会增大，影响算法的压缩效率。

综上，为了提升位平面压缩的效率，需要尽可能减小不可嵌入块的数量，在可嵌入块中采取不依赖比特分布比重的无损压缩方法。

8.2　二进制数据位无损压缩方法

文献[229]提出一种对二进制数据进行无损编码压缩的方法，通过计算二进制数据的排列值，将该排列值与原始数据中特定比特的个数组合作为压缩结果。一段二进制数据由 0 或 1 组成，扫描方向可以是从左到右或从右到左。该方法根据 0 或 1 比特的分布位置进行编码，基于比特 1 编码时称此编码模式为基 1 模式，否则为基 0 模式。设定二进制数据的长度为 N，0 或 1 比特的数量为 X，则定义该排列为二进制数据的 N: X 排列。

8.2.1　压缩编码过程

读取一段长度为 N 的二进制数据，若其中 1bit 的个数为 X，当采取基 1 模式压缩编码时，按照一定的方向进行扫描，每扫描到 1 个比特 1，记录扫描起点到当前比特 1 的所有比特 1 的数量 x_i，同时记录扫描起点到当前比特 1 的比特数 n_i，按式(8.4)计算排列值，即

$$A(N,X)=\sum_{i=1}^{N}C_{n_i-1}^{x_i} \tag{8.4}$$

其中，$C_{n_i-1}^{x_i}$ 表示在总数为 n_i-1 的不同元素中取出 x_i 个的排列数。

计算完成后得到的排列值 $A(N,X)$ 为十进制数，将其转换为二进制即可获得压缩后的数据。若一段二进制数据长度为 5，其中 1bit 的个数为 2，采取从左至右的扫描方式，则二进制数据 5∶2 排列(基 1 模式)和 5∶3 排列(基 0 模式)压缩结果如表 8.2 所示。

表 8.2　二进制数据 5∶2 排列(基 1 模式)和 5∶3 排列(基 0 模式)压缩结果

数据	基 1 模式排列值	基 1 模式压缩结果	基 0 模式排列值	基 0 模式压缩结果
00011	9	1001	0	0
00101	8	1000	1	1
01001	7	111	2	10

续表

数据	基 1 模式排列值	基 1 模式压缩结果	基 0 模式排列值	基 0 模式压缩结果
10001	6	110	3	11
00110	5	101	4	100
01010	4	100	5	101
10010	3	11	6	110
01100	2	10	7	111
10100	1	1	8	1000
11000	0	0	9	1001

可以看出，扫描方式固定时，基 1 模式编码结果和基 0 模式编码结果呈现出对称状态。据此特性灵活选取压缩编码模式，可以达到较大的压缩效率。

8.2.2 解压缩解码过程

解码方向是编码方向的相反方向，编码和解码要采取相同的模式。根据 N、X 计算解码值，当解码值大于等于 $C_{n_i-1}^{x_i}$ 时，当前比特为 1，反之为 0。二进制比特 00011 的基 1 模式编码结果为 1001，对应的十进制数为 9，作为第一个解码值进行解码操作。解码过程实例如表 8.3 所示。表中每解码出一个比特 1，则当前解码值减去当前排列数的结果作为下一轮解码值，当解码值为 0 时，之后所有的解码比特均为 0。

此方法可以有效压缩二进制数据，根据原始数据长度和特定比特个数可以无损解压数据。下面将此数据压缩方法进行改造，设计基于位平面无损压缩的密文域 RDH 算法[227]。

表 8.3 解码过程实例

N	当前解码值	剩余比特 1 的个数	当前排列数	当前比特
5	9	2	$C_{5-1}^{2}=6<9$	1
4	$9-C_{5-1}^{2}=3$	1	$C_{4-1}^{1}=3=3$	1
3	$3-C_{4-1}^{1}=0$	0	0	0
2	0	0	0	0
1	0	0	0	0

8.3 基于位平面无损压缩的密文域可逆信息隐藏算法

8.3.1 算法原理

将灰度图像的 8 个位平面分离，每个位平面均可视为一个二值矩阵。本书算

法将大小为 $M \times N$ 的位平面按照固定方式分块，每块大小为 $s \times s$。在符合条件的块位平面执行压缩，产生冗余空间。

位平面无损压缩的密文域 RDH 流程如图 8.2 所示，具体描述如下。

① 将载体图像分块，每块分离为 8 个位平面。根据规则将不同块位平面标识为可嵌入块和不可嵌入块。

② 对较高位平面执行无损压缩，将较低位平面信息存储到产生的冗余空间。

③ 服务端在密文图像的较低位平面上采用比特替换的方式嵌入秘密信息，将含密密文图像按位重组后发送给接收方。

④ 接收方对图像进行反位重组，然后提取较低位平面上的信息，即秘密信息。恢复载体图像时，先解密图像，再将低位平面信息从高位平面中取出，高位平面按照解码方式解压，组合位平面，无损恢复原始图像。在上述讨论中，首先对明文图像进行无损压缩，然后对图像进行加密。在这种模式下，原始图像拥有者只负责上传图像，后续操作均由服务器完成。

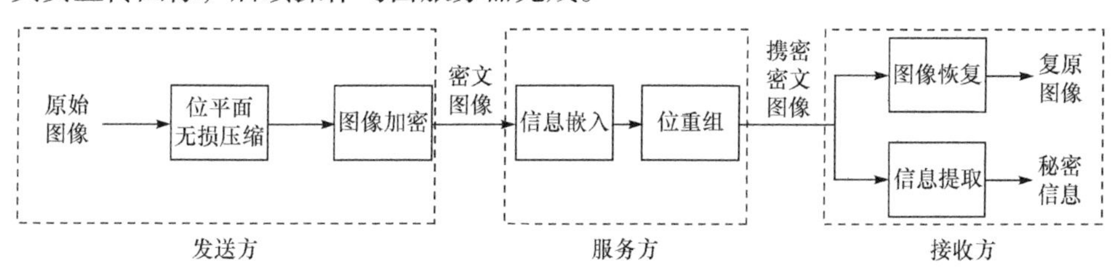

图 8.2　位平面无损压缩的密文域 RDH 流程

在某些应用背景下，用户在上传图像之前已经对图像内容进行了加密，烦琐的分块、无损压缩操作交由服务器端完成。定义按照图 8.2 执行的算法流程为模式 1，按照加密-分块-压缩顺序执行的工作机制为模式 2。这两个模式原理相同，但性能有所差异。下面以模式 1 为例研究分析算法原理。两个模式的差异将在 8.4 节实验分析中讨论。

8.3.2　实现过程

Step1：块位平面压缩。

文献[175]在压缩前对图像块按照不同的比特分布情况分类，用标记信息区分不同的块类型。位平面块比特分布与标识比特对应表如表 8.4 所示。

表 8.4　位平面块比特分布与标识比特对应表

比特分布情况	全 1	全 0	不全为 0 或 1	不可嵌入
块类型	I	II	III	NO
标识信息 g_i	11	10	01	00

定义原始块位平面数据为O_i，需要两个比特标识块类型。Ⅰ、Ⅱ块中除标识信息外，其余空间均作为可嵌入空间。对于比特不完全相同的块(Ⅲ块)，根据无损数据压缩方法，按照最大压缩效率采取最佳的压缩模式将位平面块压缩，采取的编码模式m_i和特定比特在原始数据中的个数x_i需要保留。m_i等于压缩时采取的编码模式，用一个比特就可表示。个数信息x_i的长度l_{xi}与块位平面大小s有关，计算方法为

$$l_{xi}=\left\lceil \log_2 s^2 \right\rceil-1 \tag{8.5}$$

原始数据长度可等于图像分块大小，无须保留。设压缩后的二进制数据为p_i，需要占用l_{pi}比特空间。同样，保存长度信息，也需要一定空间，用L表示，将$[0,s^2]$的整数范围按照2的整数次幂划分区间，则l_{pi}的取值范围为

$$l_{pi}\in[2^{L-1},2^L],\quad L\leqslant \log_2 s^2 \tag{8.6}$$

将标识信息g_i、模式信息m_i、个数信息x_i、长度信息l_{pi}统称为辅助信息。$[2^{n-1},2^n]$在类型为Ⅲ的块中完成压缩之后，改进算法中压缩数据结构分布示意图如图8.3所示。

标识信息g_i (01)	编码模式m_i (0或1)	特定比特个数信息x_i	压缩编码长度信息l_i	压缩编码p_i

图8.3　改进算法中压缩数据结构分布示意图

p_i与辅助信息的长度之和小于原始数据长度，即$s-3-l_{xi}-L-l_{pi}>0$时，才认为有压缩的必要；否则，视此位平面块为不可嵌入块。不可嵌入块中被标记比特替换的两位原始比特需要保留嵌入其他块位平面。

Step2：冗余空间产生机制。

根据对块位平面的类型划分方式，每种类型经过压缩处理后可产生冗余空间用于嵌入。块类型与嵌入容量对应关系如表8.5所示。

表8.5　块类型与嵌入容量对应关系

块类型	Ⅰ	Ⅱ	Ⅲ	NO
嵌入容量/bit	$s-2$	$s-2$	$s-3-l_{xi}-L-l_{pi}$	−2

在每个位平面中，统计各块的嵌入容量，累加可以得到该位平面的嵌入容量$C_i(1\leqslant i\leqslant 8)$，此处定义$C_1$和$C_8$分别代表原始图像的最高位平面和最低位平面。设$k$个高位平面能够嵌入$C$ bit其他$8-k$个低位平面的所有信息。k的计算方法为

$$k=\begin{cases}\arg\max\left\{\dfrac{\sum\limits_{i=1}^{t}C_i}{MN}\leqslant 8-t, t=1,2,\cdots,8\right\}, & C_i>0\\ 0, & C_i\leqslant 0\end{cases} \tag{8.7}$$

定义算法嵌入容量为

$$C=\begin{cases}\sum\limits_{i=1}^{k}C_i, & k\neq 0\\ 0, & k=0\end{cases} \tag{8.8}$$

若$C>0$，低位平面中有C比特空间可用于嵌入秘密信息，将位平面重组可得待加密图像J。若$C=0$，图像I中不能嵌入秘密信息。

Step3：图像加密。

使用 PRNG 生成长度为$M\times N$的伪随机数序列T，定义T的取值范围为[0,255]。设(i,j)代表像素位置，按位异或进行加密，可得加密图像E，即

$$E(i,j)=R(i,j)\oplus T(i,j) \tag{8.9}$$

Step4：秘密信息嵌入及位重组加扰。

由 8.2 节结论可知，$8-k$个低位平面被保留作为嵌入空间。通过比特置换的方法即可完成秘密信息嵌入，得到图像I'。为了提升算法的安全性，在秘密信息嵌入后，按照位重组的方式将秘密信息加扰。具体实现过程如下。

① 将图像I'中所有的像素转换为 8bit 二进制数，组合所有像素得到长度为$M\times N\times 8$的一维数组。

② 在一维数组中，将每$M\times N$个比特转换为一个大小为$M\times N$的二维矩阵，以该矩阵作为重组的一个位平面。

③ 将重组的 8 个位平面重组得到加扰后的含密密文图像$\hat{I}$。

Step5：秘密信息提取与图像恢复。

提取操作与嵌入过程对称，首先按照加扰过程的相反步骤将图像$\hat{I}$恢复为I'，然后根据位平面参数k提取$8-k$个位平面，即可得到秘密信息。

恢复图像时，首先按照密钥解密得到图像J。此时获得的图像J与 Step 3 生成的密文图像不完全相同。图像J缺少$8-k$个位平面的信息，但原载体图像的内容信息全部位于其余的k个位平面中。因此，根据图像J可以恢复载体图像，对J按位平面分离，分为大小为s的位平面块。根据标识信息识别各块的类型，在k个高位平面提取被转存的$8-k$个低位平面信息。对于Ⅰ、Ⅱ块，直接用 1 或 0 比特替换所有元素即可恢复。Ⅲ块需要根据辅助信息按照 8.2.2 节的解压方法解压数据。Bad 块在高位提取被标记信息替换的原始信息。

8.4 实验分析

以 Lena 图像为样本，对本书算法进行性能测试。采取的分块方式为 $s = 36$，嵌入率为 2.57bit/pixel。Lena 图像在本书算法不同阶段的处理效果如图 8.4 所示。

(a) 原始Lena图像　(b) 密文Lena图像　(c) 直接解密图像　(d) 提取信息后解密图像

图 8.4　Lena 图像在本书算法不同阶段的处理效果

如图 8.4 所示，加密后的图 8.4(b)呈现出类似于噪声的分布状态。原始图像的内容信息已无法获取，秘密信息的传递也受到保护。即使没有经过秘密信息的提取，图 8.4(c)和图 8.4(d)的视觉效果也非常相似，说明算法解密和提取信息操作相互独立，具有可分离性。

下面将从嵌入率、可逆性、鲁棒性进一步分析算法性能。

8.4.1　嵌入率分析

本书算法的嵌入率与块大小 s 直接相关，为测试块大小参数 s 对嵌入率的影响，在不同的分块大小下，分别测试如图 6.5 所示的图像的嵌入率。实验结果如表 8.6。

可以看出，提出算法的平均嵌入率在 2.5bit/pixel 左右，在分块参数 $s = 6$ 时达到峰值。当 s 较小时，辅助信息较多，压缩数据会占用较多空间。各测试图像嵌入率比较低。随着分块数增加，压缩数据在块中所占的比重逐渐减少，算法嵌入率稳步提升。当 s 继续增大时，高位平面块中类型为Ⅰ、Ⅱ的块越来越少，但这两种类型的块是压缩效率最高的。此时，嵌入率会逐渐下降。

在以上测试图像中，Jet 图像嵌入率最高，这是因为该图像的细节较少，平滑区域比重大，在压缩时能够获得较好的压缩效果。Baboon 图像具有丰富的纹理信息，使得位平面分离之后，各个位平面 0-1 比特分布不均匀，限制了压缩效率，因此嵌入率最低。

表 8.6　分块大小与改进算法嵌入率的关系　(单位：bit/pixel)

项目	4×4 像素	5×5 像素	6×6 像素	7×7 像素	8×8 像素	9×9 像素	10×10 像素
Lena	2.665	2.766	2.890	2.740	2.641	2.564	2.521
Baboon	2.007	2.183	2.268	2.224	2.134	2.117	2.012
Jet	2.762	2.890	2.967	3.078	3.005	2.904	2.850
Peppers	2.432	2.518	2.653	2.704	2.621	2.668	2.590
Goldhill	2.280	2.361	2.496	2.470	2.428	2.406	2.322
均值	2.429	2.544	2.655	2.643	2.566	2.532	2.459

图 8.5 展示了本书算法与文献[175]、文献[228]算法在测试图像的嵌入率对比。本书算法与文献[175]算法均采取 6×6 像素的分块方式。

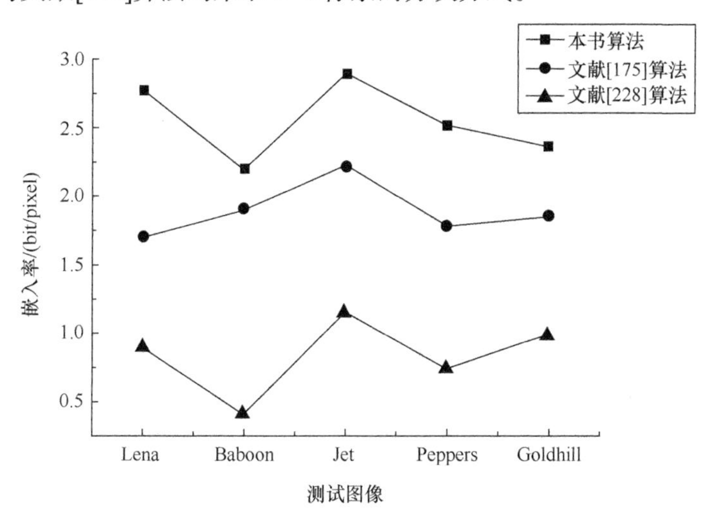

图 8.5　不同算法嵌入率对比

在不同测试图像上，本书算法嵌入率均为最高。文献[175]定义阈值判断是否为可嵌入块，阈值与图像块中特定比特的个数有关。根据规则计算出的阈值一般较小，许多块被判断为不可嵌入块。本节采用效率更高的二进制数据压缩方式，取消了阈值设置，使不可嵌入的块数量减小，因此增大了压缩后的冗余空间。文献[228]在加密前预留空间，在密文图像个别像素的 LSB 上嵌入信息，因此嵌入率不高。

8.4.2　可逆性分析

以 Baboon 图像为例，测试算法可逆性。图 8.6 显示了本书算法与文献[228]、文献[175]直接解密图像的质量对比。

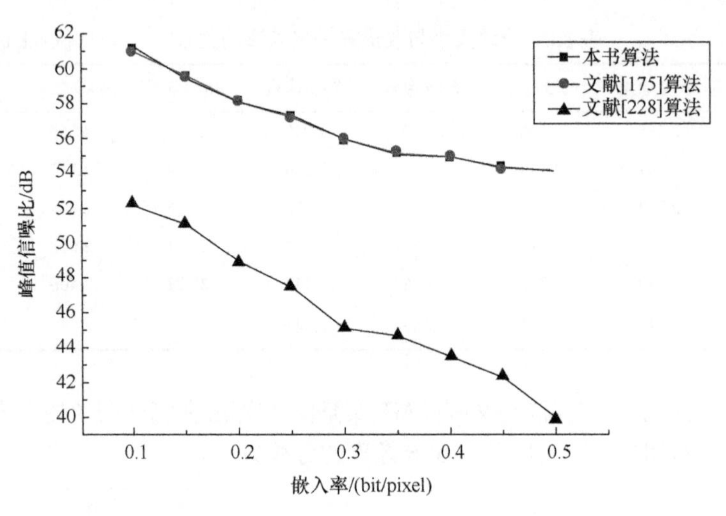

图 8.6　直接解密图像的质量对比

随着嵌入率的增加，本节算法与文献算法的直接解密图像质量较高，几乎没有差距。文献算法解密图像质量较低，且图像质量随嵌入率增大下降严重。可以认为，本节算法可逆性较好。

8.4.3　鲁棒性分析

实际应用时，图像在传输过程中难免会丢失部分信息，受到不同程度的噪声攻击，因此一个好的密文域 RDH 算法应当具备一定的鲁棒性。

实验以 Jet 图像为载体图像，以一幅二值水印图像为秘密信息，分块参数 $s=6$。图 8.7 描述了本书算法抵抗信息损失、噪声攻击的能力。表 8.7 列举了水印图像归一化相关(normalized correlation，NC)系数。图 8.7(a)表示未经任何攻击时，对含密密文图像进行水印提取及载体图像恢复效果。图 8.7(b)表示受到 1%椒盐噪声攻击的算法处理性能，水印内容几乎没有受到损失，恢复的载体图像中有少量椒盐噪声。图 8.7(c)表示受到 5%椒盐噪声时的处理效果，水印提取及载体图像恢复质量明显下降，但视觉上仍然能够接受。图 8.7(d)表示丢失最低位平面之后的算法处理性能。水印图像中大部分信息还可以获取，但载体图像质量很差。图 8.7(e)表示丢失两个最低位平面的算法性能，此时可以依稀辨别出水印图像的内容，但载体图像受损严重，已无法获取有用信息。

如表 8.7 所示，当受到 1%椒盐噪声干扰时，测试水印图像 NC 系数较高，增大椒盐噪声强度至 5%，NC 系数轻微下降；丢失 1 个 LSB 位平面时，提取的测试水印图像 NC 系数也比较高，但是当丢失两个 2 个 LSB 位平面后，NC 系数下降严重。从表 5.5 与图 5.8 的实验结果可看出，本节算法能较好地抵抗实验列举的噪声攻击。

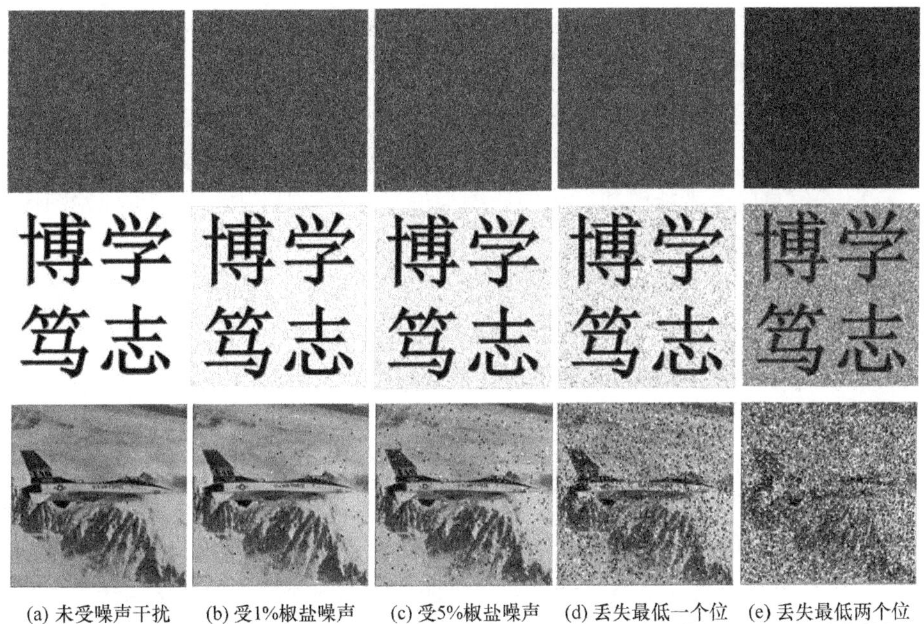

(a) 未受噪声干扰水印提取及载体恢复效果　(b) 受1%椒盐噪声攻击后水印提取及载体恢复效果　(c) 受5%椒盐噪声攻击后水印提取及载体恢复效果　(d) 丢失最低一个位平面后水印提取及载体恢复效果　(e) 丢失最低两个位平面后水印提取及载体恢复效果

图 8.7　不同攻击下本书算法鲁棒性测试

表 8.7　水印图像 NC 系数

参数	1%椒盐噪声干扰	5%椒盐噪声干扰	丢失 1 个 LSB 平面	丢失 2 个 LSB 平面
NC 系数	0.9402	0.9092	0.9033	0.7825

本书算法在秘密信息嵌入之后采取位重组的方式对秘密信息加扰，使原本只分布于低位平面的秘密信息扩散至所有位平面，因此在受到少量椒盐噪声攻击时，水印图像质量下降很小。当抽取含密密文图像的 1 个低位平面时，遗失了 1/8 的秘密信息，部分图像块无法正常恢复；抽取最低 2 个位平面时，水印信息已经变模糊，载体图像无法正常解压，恢复质量较差。

8.4.4　工作模式讨论

8.3.1 节提出两种工作模式，它们实现的原理相同。本节对这两种工作模式的性能差异进行测试。为控制变量，设实验中两种工作模式的加密方式保持一致。以 Lena 图像为实验样本，图 8.8 列出了不同分块尺寸下算法两种工作模式的嵌入率对比。模式 1 的嵌入率远高于模式 2，但模式 2 也能够达到 0.5bit/pixel 左右的嵌入率。

下面详细说明这两种工作模式的选择轮换机制。

决定算法不同工作模式的首要因素是信息隐藏者能够实现的功能。算法可选的功能有加密、压缩、嵌入三种。

① 若信息隐藏者只能根据约定的分块方式及位平面参数实现简单的信息嵌入功能，则模式 1 和模式 2 可以根据对隐藏容量的要求自由选择。

② 若信息隐藏者能够执行无损压缩与信息嵌入，则选择模式 2，原始图像拥有者将图像进行加密后上传。

③ 若信息嵌入者同时具备无损压缩、信息嵌入与图像加密能力，则选择模式 1。此时，不论原始图像拥有者上传的是明文还是密文图像，信息嵌入者统一按照模式 1 的工作流程，先执行无损压缩，再加密图像，最后嵌入信息。

第 1 种情况中原始图像拥有者需要做的工作太多，且第三方信息隐藏者需要与图像拥有者提前约定分块方式，能用于嵌入的位平面参数 k，需要频繁的信息交流。第 2 种情况最符合实际应用背景，由用户自行加密图像，第三方无法直接获取图像内容，但可以对用户上传的图像进行管理。在实际中，信息隐藏者与原始图像拥有者很多情况下不是同一方，将保护图像内容隐私的加密操作交由第三方是十分不明智的选择。大部分第三方信息隐藏者不具备自动加密图像的功能，因此第 3 种情况的现实应用意义不大。

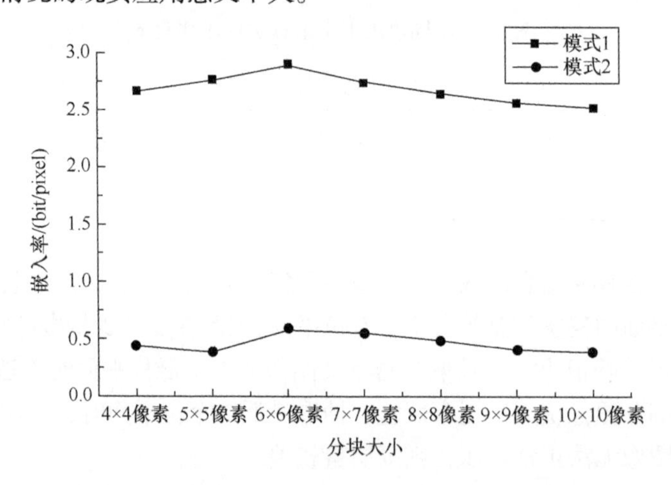

图 8.8　不同分块尺寸下两种工作模式嵌入率对比

8.5　本章小结

由于密文图像管理对算法的鲁棒性有一定的要求，本章提出将载体图像按照位平面压缩的可分离密文域 RDH 算法。利用二进制数据无损压缩算法在加密之前获得冗余空间，嵌入信息后利用位重组思想对携密密文图像加扰，接收端可以根据权限独立进行信息提取和图像恢复。仿真证明，算法具有较高的嵌入率和可逆性，在一定程度上可以抵抗信息丢失、椒盐噪声攻击，可以较好地达到隐藏容量与鲁棒性的平衡。提出的算法可以实现无损压缩的时机，根据不同应用背景自由切换工作模式，实用性更好。

参考文献

[1] Tian Y, Lu Z. S-box: six-dimensional compound hyperchaotic map and artificial bee colony algorithm. Journal of Systems Engineering and Electronics, 2016, 27(1): 232-241.

[2] 王洋. 基于混沌的数字图像加密综述. 科学技术创新, 2014, (20): 169-170.

[3] 文昌辞, 王沁, 苗晓宁, 等. 数字图像加密综述. 计算机科学, 2012, 39(12): 6-9.

[4] Liu N S, Guo D H. Annotations for symmetric probabilistic encryption algorithm based on chaotic attractors of neural networks. Optoelectronics Letters, 2010, 6(1): 57-60.

[5] 田汉清, 全吉成, 程红, 等. 图像情报加密技术综述. 情报科学, 2009, (1): 156-160.

[6] 李昌刚, 韩正之, 张浩然. 图像加密技术综述. 计算机研究与发展, 2002, 39(10): 1317-1324.

[7] 柯彦, 张敏情, 刘佳, 等. 密文域可逆信息隐藏综述. 计算机应用, 2016, 36(11): 3067-3076.

[8] 刘智涛. 基于信息隐藏技术研究综述. 工业仪表与自动化装置, 2015, (3): 13-15.

[9] Zhang X P, Wang Z C, Jiang Y, et al. Reversible visible watermark embedded in encrypted domain// IEEE China Summit and International Conference on Signal and Information Processing, 2015: 826-830.

[10] Hong W, Chen T S, Lin K Y, et al. A modified histogram shifting based reversible data hiding scheme for high quality images. Information Technology Journal, 2010, 9(1):179-183.

[11] 陈波, 谭运猛, 吴世忠. 信息隐藏技术综述. 计算机与数字工程, 2005, 33(2): 21-23.

[12] 苏佩良. 信息隐藏与数字水印. 北京: 北京邮电大学, 2004.

[13] Chao H M, Hsu C M, Miaou S G. A data-hiding technique with authentication, integration, and confidentiality for electronic patient records. IEEE Transactions on Information Technology in Biomedicine, 2002, 6(1): 46-53.

[14] Bender W, Butera W, Gruhl D, et al. Applications for data hiding. IBM Systems Journal, 2000, 39(3-4): 547-568.

[15] 王丽娜, 张焕国. 信息隐藏技术与应用. 武汉: 武汉大学出版社, 2003.

[16] 张卫明. 军民融合背景下的信息隐藏技术. 中国信息安全, 2016, (9): 78-79.

[17] 刘雄, 卓雪君, 汤永利, 等. 一种基于通信信道容量的多级安全模型. 电子学报, 2010, 38(10): 2460-2464.

[18] 强博. 音频信息隐藏技术在军事通信中的应用. 西安: 西安电子科技大学, 2013.

[19] 石荣, 胡苏, 徐剑韬. 基于噪声调相干扰寄生扩频的隐蔽信息传输. 火力与指挥控制, 2017, 42(11): 60-64.

[20] Xin Y, Zhou C, Gan W D, et al. Research and simulation of data hiding algorithm in military image encryption communication. Computer Simulation, 2015, 32(3): 238-241.

[21] 王也隽. 信息隐藏技术及其军事应用. 北京: 国防工业出版社, 2011.

[22] 张李纲. 基于公共通信网和信息隐藏技术的军事通信系统初探. 图书情报导刊, 2010, 20(6): 108-110.

[23] 康芳, 谭薇, 杨森斌. 信息隐藏技术及其在军事通信领域的应用研究. 现代电子技术, 2008, 31(23): 97-99.

[24] 刘亚杰, 周学广. 信息隐藏技术及军事应用. 舰船电子工程, 2006, 26(4): 74-76.

[25] Zielińska E, Mazurczyk W, Szczypiorski K. Trends in steganography. Communications of the ACM, 2014, 57(3): 86-95.

[26] Parah S A, Ahad F, Sheikh J A, et al. Hiding clinical information in medical images: A new high capacity and reversible data hiding technique. Journal of Biomedical Informatics, 2017, 66: 214-230.

[27] Wu H T, Huang J W, Shi Y Q. A reversible data hiding method with contrast enhancement for medical images. Journal of Visual Communication & Image Representation, 2015, 31(C): 146-153.

[28] Huang L C, Tseng L Y, Hwang M S. A reversible data hiding method by histogram shifting in high quality medical images. Journal of Systems & Software, 2013, 86(3): 716-727.

[29] Fallahpour M, Megias D, Ghanbari M. Reversible and high-capacity data hiding in medical images. IET Image Processing, 2011, 5(2): 190-197.

[30] 郑洪英, 何洁, 彭钟贤, 等. 基于密文医学图像的可逆信息隐藏算法. 计算机工程与应用, 2016, 52(12): 136-140.

[31] 邓小鸿, 陈志刚, 梁涤青, 等. 分区域的医学图像高容量无损信息隐藏方法. 通信学报, 2015, 36(1): 189-198.

[32] 郑洪英, 彭钟贤, 肖迪. 加密医学图像中的视觉无损信息隐藏算法. 西南大学学报(自然科学版), 2014, 36(12): 157-161.

[33] Liang Z Q, Wu X T. Data hiding in halftone images with authentication ability using three-level noise-balanced error diffusion. Modern Physics Letters B, 2017, 31: 19-21.

[34] Ai-Qershi O M. Authentication and data hiding using a hybrid ROI-based watermarking scheme for DICOM images. Journal of Digital Imaging, 2011, 24(1): 114-125.

[35] Ni Z C, Shi Y Q, Ansari N, et al. Robust lossless image data hiding designed for semi-fragile image authentication. IEEE Transactions on Circuits & Systems for Video Technology, 2008, 18(4): 497-509.

[36] Ai-Haj A, Abdel N H. Digital image security based on data hiding and cryptography//International Conference on Information Management, 2017: 437-440.

[37] Yang C H, Tsai M H. Improving histogram-based reversible data hiding by interleaving predictions. IET Image Processing, 2010, 4(4): 223.

[38] Huang H C, Chen T W, Pan J S, et al. Copyright protection and annotation with reversible data hiding and adaptive visible watermarking//International Conference on Innovative Computing, 2007: 292-298.

[39] 张绍武. 信息隐藏技术及其在数字图书馆版权保护中的应用. 情报理论与实践, 2004, 27(6): 666-668.

[40] 李晓龙. 图像可逆隐藏综述. 信息安全研究, 2016, 2(8): 729-734.

[41] Mikkilineni A K, Chiu T C, Allebach J P, et al. High-capacity data hiding in text documents//Media Forensics and Security I, Part of the IS&T-SPIE Electronic Imaging Symposium, 2009:

658-665.

[42] Qi W F. Data hiding based on chinese text automatic proofread//International Conference on Intelligent Information Hiding & Multimedia Signal Processing, 2016: 72-75.

[43] Por L Y, Wong K S, Chee K O. UniSpaCh: a text-based data hiding method using Unicode space characters. Journal of Systems & Software, 2012, 85(5): 1075-1082.

[44] Borges P V K, Mayer J, Izquierdo E. Robust and transparent color modulation for text data hiding. IEEE Transactions on Multimedia, 2008, 10(8): 1479-1489.

[45] Villán R, Voloshynovskiy S, Koval O, et al. Text data-hiding for digital and printed documents: theoretical and practical considerations// Security, Steganography & Watermarking of Multimedia Contents VIII, 2006: 406-416.

[46] Ou B, Li X, Zhao Y, et al. Pairwise prediction-error expansion for efficient reversible data hiding. IEEE Transactions on Image Processing, 2013, 22(12): 5010-5021.

[47] Li X, Li B, Yang B, et al. General framework to histogram-shifting-based reversible data hiding. IEEE Transactions on Image Processing, 2013, 22(6): 2181-2191.

[48] Zhang X P. Separable reversible data hiding in encrypted image. IEEE Signal Processing Letters, 2012, 7(2): 826-832.

[49] Lin C C, Tai W L, Chang C C. Multilevel reversible data hiding based on histogram modification of difference images. Pattern Recognition, 2008, 41(12): 3582-3591.

[50] Min W, Liu B. Data hiding in binary image for authentication and annotation. IEEE Transactions on Multimedia, 2004, 6(4): 528-538.

[51] 肖迪, 白科, 郑洪英. 面向云计算安全应用的密文图像可逆信息隐藏算法. 计算机应用研究, 2015, 32(12): 3702-3705.

[52] 谢建全, 谢勍, 黄大足. 一种基于游程长度的高安全性图像信息隐藏算法. 计算机科学, 2014, 41(3): 172-175.

[53] 周清雷, 黄明磊. JPEG 图像的信息隐藏方法. 计算机工程与设计, 2010, 31(19): 4178-4181.

[54] 冯新岗, 周诠. 基于图像复杂度分类的卫星遥感图像信息隐藏. 宇航学报, 2010, 31(7): 1850-1854.

[55] 高铁杠, 顾巧论. 一种大容量的图像可逆信息隐藏算法. 光电子 · 激光, 2008, 19(5): 663-666.

[56] 周琳娜, 杨义先, 郭云彪, 等. 基于二值图像的信息隐藏研究综述. 中山大学学报(自然科学版), 2004, 43(s2): 71-75.

[57] Cho K, Choi J, Kim N S. An acoustic data transmission system based on audio data hiding: method and performance evaluation. EURASIP Journal on Audio Speech & Music Processing, 2015, (1): 10.

[58] Peng Z, Ye L, Ma X F, et al. Efficient audio data hiding via parallel combinatory spread spectrum//International Congress on Image & Signal Processing, 2016: 814-818.

[59] Xiang S J, Li Z H. Reversible audio data hiding algorithm using noncausal prediction of alterable orders. EURASIP Journal on Audio Speech & Music Processing, 2017, (1): 4.

[60] 郎奇. 军事通信中音频信息隐藏技术的应用研究. 数字技术与应用, 2016, (4): 205-209.

[61] 谭良, 吴波, 刘震, 等. 一种基于混沌和小波变换的大容量音频信息隐藏算法. 电子学报,

2010, 38(8): 1812-1818.
[62] 武朋辉, 杨百龙, 时磊. 基于压缩感知理论的 MP3 音频鲁棒水印算法. 计算机应用研究, 2015, 32(8): 2425-2428.
[63] Ke N, Yang X Y, Zhang Y N. A novel video reversible data hiding algorithm using motion vector for H. 264/AVC. Tsinghua Science & Technology, 2017, 22(5): 489-498.
[64] 胡洋, 张春田, 苏育挺. 基于 H.264/AVC 的视频信息隐藏算法. 电子学报, 2008, 36(4): 690-694.
[65] 王静, 郁梅, 蒋刚毅, 等. 基于单深度帧内模式的 3D-HEVC 深度视频信息隐藏算法. 光电子 · 激光, 2017, (8): 893-901.
[66] 朱宏, 蒋刚毅, 王晓东, 等. 一种基于人眼视觉特性的视频质量评价算法. 计算机辅助设计与图形学学报, 2014, 26(5): 776-781.
[67] 丁绪星, 朱日宏, 李建欣. 一种基于人眼视觉特性的图像质量评价. 中国图象图形学报, 2004, 9(2): 190-194.
[68] Chang S, Zhang Y F, Lu G J. Reversible data hiding based on directional prediction and multiple histograms modification//International Conference on Wireless Communications & Signal Processing, 2017: 1-6.
[69] 王朋飞. 基于空域富模型的图像隐写分析统计特征研究. 南京: 南京理工大学, 2017.
[70] Crandall R. Some notes on steganography. http:// os. inf. tu_dresden. de/~west feld/Crandall. pdf [2020-10-09].
[71] 关晴骁. 通用型图像隐写分析的基础问题研究. 合肥: 中国科学技术大学, 2013.
[72] Pevný T, Bas P, Fridrich J. Steganalysis by subtractive pixel adjacency matrix. IEEE Transactions on Information Forensics & Security, 2010, 5(2): 215-224.
[73] Shi Y Q, Li X L, Zhang X P, et al. Reversible data hiding: advances in the past two decades. IEEE Access, 2016, 4: 3210-3237.
[74] 刘尚翼. 加密域可逆信息隐藏研究. 广州: 暨南大学, 2014.
[75] Barton J M. Method and apparatus for embedding authentication information within digital data. US, US6115818, 2000.
[76] Fridrich J, Goljan M, Du R. Lossless data embedding-new paradigm in digital watermarking. EURASIP Journal on Advances in Signal Processing, 2002, (2): 185-196.
[77] Chen C C, Chang C C. High-capacity reversible data hiding in encrypted images based on extendedrun-length coding and block-based MSB plane rearrangement. Journal of Visual Communication and Image Representation, 2019, 58: 334-344.
[78] 鄢海舟, 胥布工, 石东江, 等. 无损压缩算法 LZW 前缀编码优化及应用. 计算机工程, 2017, 43(3): 299-303.
[79] 俞春强, 侯晓杰, 张显全, 等. 基于编码压缩和加密的图像可逆信息隐藏算法. 光电子 · 激光, 2018, 29(8): 876-883.
[80] Haddad S, Coatrieux G, Cozic M, et al. Joint watermarking and lossless JPEG-LS compression for medical image security//International Conference on Watermarking & Image Processing, 2017: 198-206.
[81] Amri H, Khalfallah A, Gargouri M, et al. Medical image compression approach based on image

resizing, digital watermarking and lossless compression. Journal of Signal Processing Systems, 2017, 87(2): 203-214.

[82] Badshah G , Liew S C, Zain J M, et al. Watermark compression in medical image watermarking using Lempel-Ziv-Welch(LZW) lossless compression technique. Journal of Digital Imaging, 2016, 29(2): 216-225.

[83] Fridrich J, Goljan M, Rui D. Invertible authentication//Proceedings of SPIE-The International Society for Optical Engineering, 2001: 197-208.

[84] Fridrich J, Goljan M, Rui D. Invertible authentication watermark for JPEG images// International Conference on Information Technology: Coding & Computing, 2001: 223-227.

[85] Shim H J, Ahn J, Jeon B. DH-LZW: lossless data hiding in LZW compression//International Conference on Image Processing, 2004: 2195-2198.

[86] Chen C C, Chang C C. High-capacity reversible data-hiding for LZW codes//International Conference on Computer Modeling and Simulation, 2010: 3-8.

[87] Wang Z H, Yang H R, Cheng T F, et al. A high-performance reversible data-hiding scheme for LZW codes. Journal of Systems & Software, 2013, 86(11): 2771-2778.

[88] 向涛, 王安. 安全的 LZW 编码算法及其在 GIF 图像加密中的应用. 计算机应用, 2012, 32(12): 3462-3465.

[89] 赵文强, 杨百龙, 龚世忠, 等. 一种改进的基于 LZW 压缩编码的可逆信息隐藏算法. 计算机应用研究, 2017, 34(6): 1783-1785.

[90] Tian J. Reversible data embedding using a difference expansion. IEEE Transactions on Circuits & Systems for Video Technology, 2003, 13(8): 890-896.

[91] Alattar A M. Reversible watermark using difference expansion of quads//IEEE International Conference on Acoustics, Speech and Signal Processing, 2004: 377-380.

[92] Alattar A M. Reversible watermark using the difference expansion of a generalized integer transform. IEEE Transactions on Image Processing, 2004, 13(8): 1147-1156.

[93] Chiang K H, Chang-Chien K C, Chang R F, et al. Tamper detection and restoring system for medical images using wavelet-based reversible data embedding. Journal of Digital Imaging, 2008, 21(1): 77-90.

[94] Bian Y, Schmucker M, Busch C, et al. Approaching optimal value expansion for reversible watermarking//Workshop on Multimedia & Security, 2005: 95-102.

[95] Kim H J, Sachnev V, Shi Y Q, et al. A novel difference expansion transform for reversible data embedding. IEEE Transactions on Information Forensics & Security, 2008, 3(3): 456-465.

[96] Hu Y J, Lee H K, Li J W. DE-based reversible data hiding with improved overflow location map. IEEE Transactions on Circuits & Systems for Video Technology, 2009, 19(2): 250-260.

[97] Wang X, Li X L, Yang B, et al. Efficient generalized integer transform for reversible watermarking. IEEE Signal Processing Letters, 2010, 17(6): 567-570.

[98] Qiu Y Q, Qian Z X, Yu L. Adaptive reversible data hiding by extending the generalized integer transformation. IEEE Signal Processing Letters, 2015, 23(1): 130-134.

[99] Kamstra L, Heijmans H J A M. Reversible data embedding into images using wavelet techniques and sorting. IEEE Transactions on Image Processing A Publication of the IEEE

Signal Processing Society, 2005, 14(12): 2082-2090.

[100] Coltuc D, Chassery J M. Very fast watermarking by reversible contrast mapping. IEEE Signal Processing Letters, 2007, 14(4): 255-258.

[101] 张正伟, 吴礼发, 赖海光, 等. 基于IWT和广义差值扩展的可逆水印算法. 计算机工程与应用, 2016, 52(8): 84-89.

[102] 罗剑高，韩国强，沃焱. 新颖的差值扩展可逆数据隐藏算法. 通信学报，2016, 37(2): 53-62.

[103] Kurniawan Y, Rahmania L A, Ahmad T, et al. Hiding secret data by using modulo function in quad difference expansion//International Conference on Advanced Computer Science and Information Systems, 2017: 433-438.

[104] Ni Z C, Shi Y Q, Ansari N, et al. Reversible data hiding. IEEE Transactions on Circuits & Systems for Video Technology, 2006, 16(3): 354-362.

[105] Lee S K, Suh Y H, Ho Y S. Reversible image authentication based on watermarking//IEEE International Conference on Multimedia and Expo, 2006: 1321-1324.

[106] Xuan G R, Shi Y Q, Chai P Q, et al. Optimum histogram pair based image lossless data embedding//International Workshop on Digital Watermarking, 2008: 264-278.

[107] Fallahpour M, Sedaaghi M H. High capacity lossless data hiding based on histogram modification. IEICE Electronics Express, 2007, 4(7): 205-210.

[108] Tsai P, Hu Y C, Yeh H L. Reversible image hiding scheme using predictive coding and histogram shifting. Signal Processing, 2009, 89(6): 1129-1143.

[109] Tsai Y Y, Tsai D S, Liu C L. Reversible data hiding scheme based on neighboring pixel differences. Digital Signal Processing, 2013, 23(3): 919-927.

[110] Wang X, Li X L, Yang B, et al. A reversible watermarking scheme for high-fidelity applications//Pacific Rim Conference on Multimedia: Advances in Multimedia Information Processing, 2009: 613-624.

[111] Gao X B, An L L, Li X L, et al. Reversibility improved lossless data hiding. Signal Processing, 2009, 89(10): 2053-2065.

[112] Ou B, Li X L, Zhao Y, et al. Reversible data hiding based on PDE predictor. Journal of Systems & Software, 2013, 86(10): 2700-2709.

[113] 王俊祥，倪江群，潘金伟. 一种基于直方图平移的高性能可逆水印算法. 自动化学报，2012, 38(1): 88-96.

[114] 韩佳伶，赵晓晖. 基于图像梯度预测的可调节大容量可逆数据隐藏. 吉林大学学报(工学版), 2016, 46(6): 2074-2079.

[115] Thodi D M, Rodriguez J J. Prediction-error based reversible watermarking//International Conference on Image Processing, 2004: 1549-1552.

[116] Thodi D M, Rodriguez J J. Expansion embedding techniques for reversible watermarking. IEEE Transactions on Image Processing A Publication of the IEEE Signal Processing Society, 2007, 16(3): 721-730.

[117] Dragoi C, Coltuc D. Improved rhombus interpolation for reversible watermarking by difference expansion//Signal Processing Conference, 2012: 1688-1692.

[118] Luo L X, Chen Z Y, Chen M, et al. Reversible image watermarking using interpolation technique. IEEE Transactions on Information Forensics & Security, 2010, 5(1): 187-193.

[119] Hong W, Chen T S, Chang Y P, et al. A high capacity reversible data hiding scheme using orthogonal projection and prediction error modification. Signal Processing, 2010, 90(11): 2911-2922.

[120] Kim K S, Lee M J, Lee H Y, et al. Reversible data hiding exploiting spatial correlation between sub-sampled images. Pattern Recognition, 2009, 42(11): 3083-3096.

[121] Fallahpour M. Reversible image data hiding based on gradient adjusted prediction. IEICE Electronics Express, 2008, 5(20): 870-876.

[122] Sachnev V, Kim H J, Nam J, et al. Reversible watermarking algorithm using sorting and prediction. IEEE Transactions on Circuits & Systems for Video Technology, 2009, 19(7): 989-999.

[123] Wang C, Li X, Yang B. Efficient reversible image watermarking by using dynamical prediction-error expansion// IEEE International Conference on Image Processing, 2010: 3673-3676.

[124] Wu H T, Huang J. Reversible image watermarking on prediction errors by efficient histogram modification. Signal Processing, 2012, 92(12): 3000-3009.

[125] Coatrieux G, Pan W, Cuppens-Boulahia N, et al. Reversible watermarking based on invariant image classification and dynamic histogram shifting//International Conference of the IEEE Engineering in Medicine & Biology Society, 2011: 4477.

[126] Coltuc D. Improved embedding for prediction-based reversible watermarking. IEEE Transactions on Information Forensics & Security, 2011, 6(3): 873-882.

[127] Dragoi I C, Coltuc D. Local-prediction-based difference expansion reversible watermarking. IEEE Transactions on Image Processing, 2014, 23(4): 1779-1790.

[128] Dragoi I C, Coltuc D. On local prediction based reversible watermarking. IEEE Transactions on Image Processing A Publication of the IEEE Signal Processing Society, 2015, 24(4): 1244-1246.

[129] Fujiyoshi M, Tsuneyoshi T, Kiya H. A parameter memorization-free lossless data hiding method with flexible payload size. IEICE Electronics Express, 2010, 7(23): 1702-1708.

[130] Sachnev V, Kim H J, Zhang R. Less detectable JPEG steganography method based on heuristic optimization and BCH syndrome coding// Proceedings of the 11th ACM Multimedia and Security Workshop, 2009:131-139.

[131] Li X L, Yang B, Zeng T Y. Efficient reversible watermarking based on adaptive prediction-error expansion and pixel selection. IEEE Transactions on Image Processing A Publication of the IEEE Signal Processing Society, 2011, 20(12): 3524-3533.

[132] Qin C, Chang C C, Huang Y H, et al. An inpainting-assisted reversible steganographic scheme using a histogram shifting mechanism. IEEE Transactions on Circuits & Systems for Video Technology, 2013, 23(7): 1109-1118.

[133] Xiang S J, Wang Y. Non-integer expansion embedding techniques for reversible image watermarking. EURASIP Journal on Advances in Signal Processing, 2015, (1): 56.

[134] Zhou J T, Au O C. Determining the capacity parameters in PEE-based reversible image watermarking. IEEE Signal Processing Letters, 2012, 19(5): 287-290.

[135] Fujiyoshi M, Tsuneyoshi T, Kiya H. A parameter memorization free lossless data hiding method with flexible payload size. IEICE Electronics Express, 2010, 7(23): 767-772.

[136] Ioan C D, Dinu C. On local prediction based reversible watermarking. IEEE Transactions on Image Process, 2015, 24(4): 1244-1246.

[137] Feng G R, Fan L Y. Reversible data hiding of high payload using local edge sensing prediction. Journal of Systems & Software, 2012, 85(2): 392-399.

[138] Hong W, Chen T S, Shiu C W. Reversible data hiding for high quality images using modification of prediction errors. Journal of Systems & Software, 2009, 82(11): 1833-1842.

[139] Li X L, Zhang W M, Gui X L, et al. A novel reversible data hiding scheme based on two-dimensional difference-histogram modification. IEEE Transactions on Information Forensics & Security, 2013, 8(7):1091-1100.

[140] Ou B, Li X L, Wang J W , et al. High-fidelity reversible data hiding based on geodesic path and pairwise prediction-error expansion. Neurocomputing, 2016, 226(22):23-34.

[141] 熊祥光, 韦立. 基于直方图平移和互补嵌入的可逆水印方案. 计算机工程, 2015, 41(8): 180-185.

[142] Chen H S, Ni J Q, Hong W, et al. High-fidelity reversible data hiding using directionally enclosed prediction. IEEE Signal Processing Letters, 2017, 24(5): 574-578.

[143] Li X L, Li J, Li B, et al. High-fidelity reversible data hiding scheme based on pixel-value-ordering and prediction-error expansion. Signal Processing, 2013, 93(1): 198-205.

[144] Lee C F, Tseng Y J. A pixel value ordering predictor for high-capacity reversible data hiding//International Conference on Networking and Network Applications, 2016: 319-324.

[145] Ou B, Li X L, Zhao Y, et al. Reversible data hiding using invariant pixel-value-ordering and prediction-error expansion. Signal Processing: Image Communication, 2014, 29(7): 760-772.

[146] Peng F, Li X L, Yang B. Improved PVO-based reversible data hiding. Digital Signal Processing, 2014, 25: 255-265.

[147] Shastri S, Thanikaiselvan V. PVO based reversible data hiding with improved embedding capacity and security. Indian Journal of Science and Technology, 2016, 9(5): 1-7.

[148] Wang X, Ding J, Pei Q Q. A novel reversible image data hiding scheme based on pixel value ordering and dynamic pixel block partition. Information Sciences, 2015, 310: 16-35.

[149] 闫兵, 柏森, 阳溢, 等. 改进的 PVO-k 可逆信息隐藏算法. 应用科学学报, 2016, 34(5): 605-615.

[150] Qu X C, Kim H J. Pixel-based pixel value ordering predictor for high-fidelity reversible data hiding. Signal Processing, 2015, 111(C): 249-260.

[151] Xiang H Y, Yuan J S, Hou S Z. Hybrid predictor and field-biased context pixel selection based on PPVO. Mathematical Problems in Engineering, 2016, 2: 1-16.

[152] 何文广, 熊刚强, 周珂, 等. 基于改进像素排序预测的大容量可逆数据隐藏. 计算机应用研究, 2018, 35(315): 272-277.

[153] Weng S W, Zhang G H, Pan J S, et al. Optimal PPVO-based reversible data hiding. Journal of

Visual Communication & Image Representation, 2017, 48: 317-328.
[154] Thomas N, Thomas S. A low distortion reversible data hiding technique using improved PPVO predictor. Procedia Technology, 2016, 24: 1317-1324.
[155] Zhang X P, Wang S Z. Efficient steganographic embedding by exploiting modification direction. Communications Letters IEEE, 2006, 10(11): 781-783.
[156] Lee C F, Wang Y R, Chang C C. A steganographic method with high Embedding capacity by improving exploiting modification direction//International Conference on Intelligent Information Hiding & Multimedia Signal Processing, 2007: 497-500.
[157] Ou B, Li X L, Wang J W. Improved PVO-based reversible data hiding: A new implementation based on multiple histograms modification. Journal of Visual Communication & Image Representation, 2016, 38: 328-339.
[158] Li X L, Zhang W M, Gui X L, et al. Efficient reversible data hiding based on multiple histograms modification. IEEE Transactions on Information Forensics & Security, 2015, 10(9): 2016-2027.
[159] Zhang X P. Reversible data hiding in encrypted image. IEEE Transactions on Information Forensics & Security, 2011, 18(4): 255-258.
[160] Hong W, Chen T S, Wu H Y. An improved reversible data hiding in encrypted images using side match. IEEE Signal Processing Letters, 2012, 19(4): 199-202.
[161] Yu J, Zhu G P, Li X L, et al. An Improved Algorithm for Reversible Data Hiding in Encrypted Image. Berlin: Springer, 2013.
[162] Wu X T, Wei S. High-capacity reversible data hiding in encrypted images by prediction error. Signal Processing, 2014, 104(6): 387-400.
[163] Qian Z X, Zhang X P, Wang S Z. Reversible data hiding in encrypted JPEG bitstream. IEEE Transactions on Multimedia, 2014, 16(5): 1486-1491.
[164] Liao X, Shu C W. Reversible data hiding in encrypted images based on absolute mean difference of multiple neighboring pixels. Journal of Visual Communication & Image Representation, 2015, 28: 21-27.
[165] Li M, Xiao D, Peng Z X, et al. A modified reversible data hiding in encrypted images using random diffusion and accurate prediction. ETRI Journal, 2014, 36(2): 325-328.
[166] Li M, Xiao D, Kulsoom A, et al. Improved reversible data hiding for encrypted images using full embedding strategy. Electronics Letters, 2015, 51(9): 690-691.
[167] 郑淑丽, 曹敏, 胡东辉, 等. 基于无损压缩的加密图像可逆信息隐藏. 合肥工业大学学报(自然科学版), 2016, 39(1): 50-55.
[168] Agrawal S, Kumar M. Mean value based reversible data hiding in encrypted images. Optik-International Journal for Light and Electron Optics, 2017, 130: 922-934.
[169] Fridrich J, Goljan M, Lisonek P, et al. Writing on wet paper. IEEE Transactions on Signal Processing, 2005, 53(10): 3923-3935.
[170] Zhang X P, Wang S Z. Dynamical running coding in digital steganography. IEEE Signal Processing Letters, 2006, 13(3): 165-168.
[171] Zhang X P, Qian Z X, Feng G R, et al. Efficient reversible data hiding in encrypted images.

Journal of Visual Communication & Image Representation, 2014, 25(2): 322-328.
[172] Abdul K M S, Wong K S. Universal data embedding in encrypted domain. Signal Processing, 2014, 94: 174-182.
[173] 张敏情, 柯彦, 苏婷婷. 基于 LWE 的密文域可逆信息隐藏. 电子与信息学报, 2016, 38(2): 354-360.
[174] 柯彦, 张敏情, 张英男. 可分离的密文域可逆信息隐藏. 计算机应用研究, 2016, 33(11): 3476-3479.
[175] Shuang Y, Zhou Y C. Binary-block embedding for reversible data hiding in encrypted images. Signal Processing, 2017, 133: 40-51.
[176] 郑淑丽, 李丹丹, 胡东辉, 等. 基于直方图修改的图像密文域可逆信息隐藏. 微电子学与计算机, 2015, 32(12): 105-109.
[177] Yin Z X, Abel A, Zhang X P, et al. Reversible data hiding in encrypted image based on block histogram shifting//IEEE International Conference on Acoustics, 2016: 2129-2133.
[178] 肖迪, 王莹, 常燕廷, 等. 基于加法同态与多层差值直方图平移的密文图像可逆信息隐藏算法. 信息网络安全, 2016, (4): 9-16.
[179] Kuribayashi M, Tanaka H. Fingerprinting protocol for images based on additive homomorphic property. IEEE Transactions on Image Processing, 2005, 14(12): 2129-2139.
[180] Memon N, Ping W W. A buyer-seller watermarking protocol. IEEE Transactions on Image Processing, 2001, 10(4): 643-649.
[181] Jayamurugan G. Lossless and reversible data hiding in encrypted images with public key cryptography. IEEE Transactions on Circuits & Systems for Video Technology, 2016, 26(9): 1622-1631.
[182] 雷飞. 基于同态加密的密文域图像可逆数据隐藏研究. 成都: 西南交通大学, 2016.
[183] Gui X L, Li X L, Yang B. A high capacity reversible data hiding scheme based on generalized prediction-error expansion and adaptive embedding. Signal Processing, 2014, 98(5): 370-380.
[184] 张新鹏, 刘焕, 张颖春, 等. 融合方向编码和湿纸编码的高效信息隐藏. 上海大学学报(自然科学版), 2010, 16(1): 1-4.
[185] Peng F, Li X L, Yang B. Adaptive reversible data hiding scheme based on integer transform. Signal Processing, 2012, 92(1):54-62.
[186] He W G, Cai J, Zhou K, et al. Efficient PVO-based reversible data hiding using multistage blocking and prediction accuracy matrix. Journal of Visual Communication & Image Representation, 2017, 46: 58-69.
[187] Li X L, Zhang W M, Ou B, et al. A brief review on reversible data hiding: current techniques and future prospects// IEEE China Summit & International Conference on Signal and Information Processing, 2014:426-430.
[188] Fortune H T. Solution for energies and mixing of two 0^+states in ^{10}He. Chinese Physics Letters, 2016, 33(9): 27-28.
[189] Dong K L, Junyong I, Sangseok L. Standard deviation and standard error of the mean. Korean Journal of Anesthesiol, 2015, 68(3): 220-223.
[190] 凌轶华, 蔡晓霞, 陈红. 应用 DCT 块标准差的自适应隐写算法. 中国图象图形学报, 2014,

19(3): 401-406.

[191] The USC-SIPI Image Database. http: //sipi.usc.edu/database/[2019-10-20].

[192] Tai W L, Yeh C M, Chang C C. Reversible data hiding based on histogram modification of pixel differences. IEEE Transactions on Circuits and Systems for Video Technology, 2009, 19(6): 906-910.

[193] Kim D S, Lee G J, Yoo K Y. Reversible image hiding scheme for high quality based on histogram shifting//International Conference on Information Technology, 2013: 392-397.

[194] Conotter V, Boato G, Carli M, et al. Near lossless reversible data hiding based on adaptive prediction//IEEE International Conference on Image Processing, 2010: 2585-2588.

[195] He W G, Cai J, Xiong G Q, et al. Improved reversible data hiding using pixel-based pixel value grouping. Optik - International Journal for Light and Electron Optics, 2017, 157: 68-78.

[196] 李蓉, 李向阳. 图像分区选择的像素值排序可逆数据隐藏. 中国图象图形学报, 2018, 22(12): 1664-1676.

[197] Su W G, Xiang W, Fu L, et al. Reversible data hiding using the dynamic block-partition strategy and pixel-value-ordering. Multimedia Tools & Applications, 2018, (8): 1-19.

[198] Neeraj J, Kumar K, Singara S, et al. High-capacity reversible data hiding using modified pixel value ordering approach. Journal of circuits, systems and computers, 2018, 27(11): 57-61.

[199] Hasib S A, Nyeem H. Developing a pixel value ordering based reversible data hiding scheme//International Conference on Electrical Information & Communication Technology, 2017: 1-6.

[200] He W G, Xiong G Q, Weng S W, et al. Reversible data hiding using multi-pass pixel-value-ordering and pairwise prediction-error expansion. Information Sciences, 2017, 467: 184-197.

[201] Rahmani P, Dastghaibyfard G. A reversible data hiding scheme based on prediction-error expansion using pixel-based pixel value ordering predictor//Artificial Intelligence & Signal Processing Conference, 2017: 219-223.

[202] 杨春玲, 李林苏. 基于像素相关的图像/视频压缩感知观测矩阵. 华南理工大学学报(自然科学版), 2017, 45(12): 33-41.

[203] 朱志良, 张志强, 高健, 等. 一类选择性图像加密方案的安全性分析. 东北大学学报(自然科学版), 2010, 31(3): 342-345.

[204] 贺锋涛, 张敏, 白可, 等. 基于激光散斑和 Henon 映射的图像加密方法. 红外与激光工程, 2016, 45(4): 268-272.

[205] Pei Q Q, Wang X, Li Y, et al. Adaptive reversible watermarking with improved embedding capacity. Journal of Systems & Software, 2013, 86(11): 2841-2848.

[206] Feng G R, Fan L Y. Controversy Corner: Reversible data hiding of high payload using local edge sensing prediction. Journal of Systems & Software, 2012, 85(2): 392-399.

[207] Yang W J, Chung K L, Liao H Y M, et al. Efficient reversible data hiding algorithm based on gradient-based edge direction prediction. Journal of Systems & Software, 2013, 86(2): 567-580.

[208] Hu X C, Zhang W M, Li X L, et al. Minimum rate prediction and optimized histograms modification for reversible data hiding. IEEE Transactions on Information Forensics &

Security, 2015, 10(3): 653-664.

[209] Muzzarelli M, Carli M, Boato G , et al. Reversible watermarking via histogram shifting and least square optimization//Proceedings of the 12th ACM Workshop on Multimedia and Security, 2010: 147-152.

[210] Hong W. An Efficient Prediction-and-shifting embedding technique for high quality reversible data hiding. Eurasip Journal on Advances in Signal Processing, 2010, (1): 1-12.

[211] 欧博. 高保真的可逆信息隐藏. 北京: 北京交通大学, 2014.

[212] Ming L, Yang L. Histogram shifting in encrypted images with public key cryptosystem for reversible data hiding. Signal Processing, 2017, 130: 190-196.

[213] Yao H, Qin C, Tang Z J, et al. Improved dual-image reversible data hiding method using the selection strategy of shiftable pixels' coordinates with minimum distortion. Signal Processing, 2017, 135: 26-35.

[214] Weinberger M J, Seroussi G , Sapiro G. The LOCO-I lossless image compression algorithm: principles and standardization into JPEG-LS. IEEE Transactions on Image Processing: A Publication of the IEEE Signal Processing Society, 2000, 9(8): 1309.

[215] Wu X L, Memon N. Context-based, adaptive, lossless image code. IEEE Transactions on Communications, 1997, 45(4): 437-444.

[216] Tang H J, Kamata S I. A gradient based predictive coding for lossless image compression. IEICE Transactions on Information and Systems. 2006, 89(7): 2250-2256.

[217] Yang B L, Zhao W Q, Yin X L, et al. A data hiding algorithm by combining segment address and EMD. Journal of Information Hiding and Multimedia Signal Processing, 2018, 9(5): 1148-1155.

[218] Ou B, Li X L, Wang J W. High-fidelity reversible data hiding based on pixel-value-ordering and pairwise prediction-error expansion. Journal of Visual Communication and Image Representation, 2016, 39:12-23.

[219] Ma X X, Pan Z B, Hu S, et al. High-fidelity reversible data hiding scheme based on multi-predictor sorting and selecting mechanism. Journal of Visual Communication & Image Representation, 2015, 28(C): 71-82.

[220] Wu H T, Dugelay J L, Shi Y Q. Reversible image data hiding with contrast enhancement. IEEE Signal Processing Letters, 2014, 22(1): 81-85.

[221] Gao X B, An L L, Yuan Y, et al. Lossless data embedding using generalized statistical quantity histogram. IEEE Transactions on Circuits & Systems for Video Technology, 2011, 21(8): 1061-1070.

[222] Fisher. Fractal Image Compression Theory and Application. Berlin: Springer, 1995.

[223] 赵友军, 邸兰振. 一种基于四叉树分割的小波域自适应水印方案. 微电子学与计算机, 2005, 22(12): 122-125.

[224] 聂道聪, 郑洪源. 一种使用四叉树分割的分形信息隐藏算法. 计算机应用与软件, 2015, (2): 307-310.

[225] Zhang X, Feng G, Ren Y, et al. Scalable coding of encrypted images. IEEE Transactions on

Image Processing, 2012, 21(6): 3108-3114.

[226] Wu D C, Tsai W H. A steganographic method for images by pixel-value differencing. Pattern Recognit Letter, 2003, 24(9): 1613-1626.

[227] 刘宇, 杨百龙, 赵文强, 等. 基于位平面无损压缩的密文域可逆信息隐藏. 计算机应用研究, 2018, 35(9): 235-238.

[228] Ma K D, Zhang W M, Zhao X F, et al. Reversible data hiding in encrypted images by reserving room before encryption. IEEE Transactions on Information Forensics & Security, 2014, 3(7): 553-562.

[229] 黄斐芝. 一种对二进制数据进行无损编码压缩的方法. 中国: CN101807924A, 2010.